基于图像处理的植物种类识别

张耀南　王兆滨　马义德　著

科学出版社

北　京

内 容 简 介

本书围绕植物叶片图像识别技术，对植物识别过程中涉及的诸多关键技术进行了探讨。全书分为 6 章。第 1 章介绍了植物叶片的外观、叶片识别系统的框架及叶片图像获取与预处理方法。第 2 章介绍了复杂背景图像中分割提取叶片图像的方法，主要介绍了随机漫步模型，以及基于该模型的图像分割技术。第 3 章梳理了可用的叶片特征和特征分类器，并对目前学术界常用的叶片图像数据库进行了介绍。第 4 章介绍了脉冲耦合神经网络模型及其研究进展，并对基于 PCNN 的叶片图像识别方法进行了阐述。第 5 章介绍了 BOW 或 BOF 与脉冲耦合神经网络、Jaccard 距离、Laws 纹理能量等相结合进行植物识别的方法。第 6 章介绍了基于两级分类的植物叶片识别的方法。

本书适合高等院校相关专业高年级学生和研究生，以及从事人工神经网络、模式识别、数字图像处理、植物识别等领域的科研人员使用和参考。

图书在版编目(CIP)数据

基于图像处理的植物种类识别/张耀南，王兆滨，马义德著. —北京：科学出版社，2024.1
ISBN 978-7-03-075834-7

I. ①基… II. ①张… ②王… ③马… III. ①图像处理-应用-植物-品种类型-识别 IV. ①Q949

中国国家版本馆 CIP 数据核字(2023)第 108873 号

责任编辑：王　静　付　聪／责任校对：郑金红
责任印制：吴兆东／封面设计：无极书装

科学出版社 出版
北京东黄城根北街 16 号
邮政编码：100717
http://www.sciencep.com
天津市新科印刷有限公司印刷
科学出版社发行　各地新华书店经销

*

2024 年 1 月第　一　版　开本：720×1000　1/16
2024 年 5 月第二次印刷　印张：13
字数：262 000
定价：168.00 元
(如有印装质量问题，我社负责调换)

前　言

植物在地球上分布十分广泛，在我们身边随处可见。植物通过光合作用吸收二氧化碳释放氧气，维持着空气中氧气与二氧化碳的平衡，同时植物也在水土保持、改善气候方面起着重要的作用。植物物种繁多，不同物种在形态结构、生活习性、经济价值等方面有着不同的特性，为了更好、更有效地对其特性进行研究，植物的分类和识别就显得尤为重要。

植物分类和识别的方法较多，常用的主要有形态分类法、DNA 标签法等，但主要还是通过人工识别。地球上植物种类繁多，分布广泛，人工识别效率低、难度大，难以较好地服务人们日常生活和科研的需要，而且传统的识别方法主要依赖人的主观判定，缺乏较好的客观分类指标。

进入 21 世纪以来，随着信息技术突飞猛进地发展，数字图像处理和模式识别技术逐渐实用化，基于数字图像的植物物种识别技术也得到了蓬勃发展。在国内外研究人员的努力下，短短数年基于图像处理的植物识别研究就取得了较大进展，其中部分成果已用于商业化的应用程序中。

基于图像的识别方法提高了植物识别的工作效率和准确性，弥补了传统识别方法的不足。从植物学自身来讲，基于数字图像的植物识别技术对植物的鉴别、物种多样性的保护以及植物的均衡发展有着重要的作用；对于农业发展来讲，该技术对农业生产自动化、田间杂草识别、农作物生长检测及作物产品质量检测等有巨大的促进作用；就生物物种保护来讲，特别是高原高寒、沙漠荒漠等地区逆境环境下特殊植物的识别，该技术对于物种和生态保护尤为重要。利用基于图像处理的机器学习技术，推动植物数字化标本建设，形成植物物种数据库，不仅利于保护植物物种的多样性，也可以有效防范外来生物的入侵和及时对外来入侵生物进行有效治理，同时，可为下一步高原高寒、沙漠荒漠极端环境下植物识别技术的建立、逆境下植物物种数据库的建设奠定基础。

本书围绕植物叶片图像识别技术，对植物识别过程中涉及的诸多关键技术进行了探讨，其中绝大多数内容是张耀南教授指导的博士后王兆滨及王兆滨的团队近 10 年工作的系统梳理和完善。本书共分 6 章。第 1 章介绍了叶形、叶脉、叶片颜色等叶片形态知识，植物叶片识别系统的框架，以及叶片图像的获取与预处理方法。第 2 章介绍了自然背景下获取的图像中叶片图像的分割提取方法，主要介绍了随机漫步模型理论，以及基于随机漫步模型的图像分割算法及实验结果。第

3 章梳理了可用的叶片特征和特征分类器，并对目前学术界常用的叶片图像数据库进行了介绍。第 4 章围绕脉冲耦合神经网络理论及其在图像处理中的应用展开，主要讲述了脉冲耦合神经网络在基于图像处理的植物识别中的应用方法。第 5 章主要介绍了词袋 (bag of word，BOW) 或特征袋 (bag of feature，BOF) 与脉冲耦合神经网络、Jaccard 距离、Laws 纹理能量等相结合进行植物识别的方法。第 6 章主要介绍了基于两级分类的植物叶片识别方法。

在成书过程中，本课题组 2018 级研究生崔婧同学在资料整理、章节组织方面做了大量工作。本书主要内容是以课题组研究生孙晓光、王浩、李化乐、郑绪、郭丽杰、龙科铭、崔婧等的学位论文为素材，经过进一步优化整理编撰而成，我们对他们的卓越工作和辛勤付出表示衷心的感谢。此外，本课题组的其他研究生许天放、李剑、王帅、杨泽坤、陈丽娜、张垚、刘珂、赵继鹏、马宝真、杨静、徐兰平、王娥、崔子婧、吴润良、潘青赛、韩鹏程、高雄、闫琪侦、徐敏哲、马一鲲、程中信、时玥、牛雄杰、柳新朝、张天睿、吕永科、曹珊、吴小林、姚林军、李艳等也对书中的内容做出了各自的贡献，在此一并表示感谢。

本研究得到国家冰川冻土沙漠科学数据中心的全力支持，同时，还得到中国博士后科学基金项目"基于脉冲耦合神经网络的植物识别研究" (2013M532097)、兰州大学中央高校基本科研业务费专项基金自由探索面上项目"基于图像的植物识别关键技术研究" (lzujbky-2014-52) 和"基于移动终端平台的植物叶片识别关键技术研究" (lzujbky-2017-187)、中国科学院"十三五"信息化专项"寒旱区环境演变研究'科技领域云'的建设与应用" (XXH13506-103) 等项目的支持。

由于作者水平有限，书中难免有疏漏之处，希望广大读者、专家批评指正，并提出宝贵的建议和意见。

著　者

2021 年 8 月

目　　录

第 1 章　叶片形态与图像获取

基于形态学的植物识别方法主要依据的是植物所具有的与众不同的形态特征。日常生活中常见的大多数植物都具有叶、花、果实、茎、枝干等器官，这些器官都具有各自的区别于其他植物的形态特征，只要获取到这些特征就可以区分出不同的植物种类。相较于花、果实、茎、枝干等植物器官，植物叶片存活时间更长，在一年中的大部分时间都可以方便地采集到，而且植物叶片中包含了许多重要信息，如叶片的叶形、叶缘、纹理等信息，所以课题组将叶片作为植物分类和识别的主要器官。从获取图像的角度来看，由于叶子大多呈现平面特性，较便于使用数字图像获取设备高效、精确地获取相应的数字化图像。本章将从叶片外观讲起，依次介绍叶片识别系统的框架、叶片图像的获取和常用的预处理方法等。

1.1　叶　片　外　观

叶是维管植物六大营养器官之一，也是光合作用的主要器官。在传统的基于形态学的植物识别中，叶的形态结构也是识别植物的主要依据之一。叶通常包括叶片和叶柄，叶片与茎秆通常由叶柄相连，但有些植物的叶子没有叶柄，因此课题组选择叶片图像作为图像识别分析的对象。叶片的外部形态结构如图 1-1 所示，叶尖、叶缘、叶基、叶脉的形态特征可作为识别植物的依据。

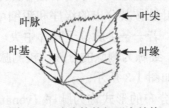

图 1-1　叶片的外部形态结构

1.1.1　叶形

叶形就是叶的形状，对于大多数植物来说，不同种类植物的叶片大小不同、形态各异。而同一种植物的叶片，其形状相对较稳定。基于此，叶形常作为识别植物和植物分类的依据之一。

根据植物叶长宽的比例和最宽处的位置，植物学家对常见的叶片形状进行了粗略分类，大致分为鳞形、条形、针形、披针形、匙形、卵形、矩圆形、菱形、心形、肾形、椭圆形、三角形、圆形、扇形等，如图 1-2 所示。

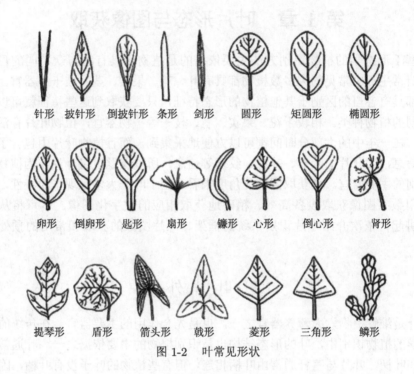

图 1-2   叶常见形状

1.1.2　叶脉

叶脉是由不含叶绿素的薄壁组织、厚角细胞等支持组织包围维管束所形成的沿叶背轴侧凸出的肋条。叶脉按其分出的级序和粗细可分为主脉、侧脉和细脉 3 种。主脉较粗，最为明显；若一条主脉位于叶片中央，则称为中脉或中肋。侧脉为主脉的分枝，一般较细。细脉为侧脉的分枝，较侧脉更细，分布在整个叶片中，且常错综交织。常见叶脉如图 1-3 所示。

叶片中维管束或叶脉分布的形式称为脉序 (venation)，主要有 3 种：叉状脉、网状脉和平行脉。叶脉从叶基生出后，均呈二叉状分枝，称为叉状脉，如银杏叶脉。这种脉序是比较原始的类型，在蕨类植物中较为常见，在种子植物中极少见。具有明显的主脉，经过逐级分枝，形成多数交错分布的细脉，由细脉互相联结形成网状，称为网状脉。其中有一条明显的主脉，侧脉自主脉的两侧发出，呈羽毛状排列，并几达叶缘，称为羽状网脉，如女贞、垂柳的叶脉。如果主脉的基部

叉状脉　　　　　掌状网脉　　　　　掌状网脉　　　　　羽状网脉

直出平行脉　　　弧形平行脉　　　　射出平行脉　　　　横出平行脉

图 1-3　常见叶脉

同时产生多条与主脉近似粗细的侧脉，再从它们的两侧发出多数的侧脉，复从侧脉产生极多的细脉，并交织成网状，称为掌状网脉。网状脉主要是单子叶植物所特有的脉序。叶片的中脉与侧脉、细脉均平行排列，或者侧脉与中脉近乎垂直而侧脉之间近于平行，都属于平行脉。其中，所有叶脉都从叶基发出，彼此平行直达叶尖，细脉也平行或近于平行生长，称为直出平行脉，如麦冬、莎草等的叶脉；所有叶脉都从叶片基部发出，彼此之间的距离逐步增大，稍作弧状，最后距离又缩小，在叶尖汇合，称为弧形平行脉，如紫萼、玉簪等的叶脉；所有叶脉均从叶片基部发出，以辐射状态向四面伸展，称为射出平行脉，如棕榈叶脉；侧脉垂直或近于垂直主脉，侧脉之间彼此平行直达叶缘，称为横出平行脉，如芭蕉、美人蕉等的叶脉。

1.1.3　叶片颜色

植物叶片的颜色是通过色素展示出来的。叶片的色素主要分为叶绿素、类胡萝卜素、类黄酮色素、甜菜色素等。叶绿素可使叶片呈现绿色。类胡萝卜素可使叶片呈现黄色。类黄酮色素和甜菜色素可以产生多种单一颜色或绚烂的混合色彩。

相较于叶形和叶脉，叶片颜色稳定性较差。在一个生长周期内大多数植物的叶片颜色均会发生变化。造成这种变化的因素很多，如温湿度的高低、光照的强弱、土壤中的化学物质和营养成分的多少等。目前，利用叶片颜色识别植物的研究相对较少。

1.2　叶片识别系统

基于数字图像处理的植物叶片图像识别流程如图 1-4 所示。

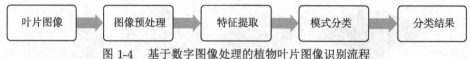

图 1-4　基于数字图像处理的植物叶片图像识别流程

该流程主要包含 3 个步骤，分别为图像预处理、特征提取、模式分类。在获得植物图像之后，由于原图像有种种限制或受到干扰，在提取特征之前首先要对它进行预处理，如对图像进行灰度化、降噪、分割、形态学处理以便位置归一化等。具体的图像预处理方法要针对提取的特征来选择，如在提取形状和纹理特征时需将图像灰度化，在提取颜色特征时则不进行此处理。

在图像预处理阶段，由于获取的植物图像一般都会带有一定的随机噪声，为了去除干扰，首先要对图像进行滤波 (一般采用中值滤波)，得到的滤波后的灰度图像就可以用来提取纹理特征了。将滤波后的灰度图像进行阈值分割，转换为二值图像，并经过保留最大连通区域以及去除叶柄和孔洞等步骤，得到植物的轮廓图像。叶片图像预处理流程如图 1-5 所示。可见，叶片图像预处理既保留了图像的形状信息，又不会因为噪声而影响叶片的面积及周长等特征的计算，便于提取相关形状特征。

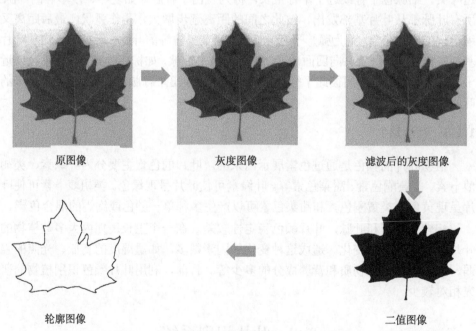

图 1-5　叶片预处理流程 (彩图请扫封底二维码)

在特征提取阶段，植物特征主要包括形状特征、纹理特征和颜色特征。形状特征主要是基于轮廓的矩形度、圆形性等特征和基于区域的不变矩等特征得到。纹理特征有基于灰度共生矩阵和基于图像灰度直方图的统计特征，如基于熵、一致性、平滑度等特征得到。颜色特征主要通过 RGB 颜色空间模型、HIS 颜色空间模型等各种颜色空间模型得到。

在模式分类阶段，主要运用通用或专用的特征分类器对植物图像进行分类识别，从而得到相应的识别结果。

通过对植物叶片图像识别过程的了解，不难发现，影响识别结果的关键技术是特征提取技术和特征分类技术，后续章节我们将对这两部分内容做详细讲述。

1.3　叶片图像获取

1.3.1　图像获取

叶片图像通常是从自然环境中获取的植物叶片数字图像。目前主要有两种获取方法，第一种是将叶片从植物上采摘下来，利用光学扫描仪，直接扫描获取图像。这种方法获取的图像，分辨率和清晰度都很高，外界干扰与噪声相对较少，缺点是破坏了植物的生长状态，叶子的三维结构信息丢失。由于扫描设备笨重，这种方法不适合野外大规模现场采集。早期的研究中，通常使用这种方式进行制备测试样本数据库，如图 1-6 所示。

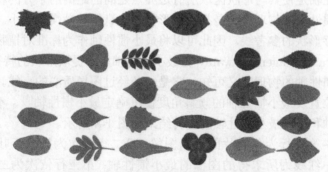

图 1-6　通过扫描获取的部分叶片图像

随着手机等移动终端的普及，使用相机、手机等移动设备进行图像采集将是一种趋势。这就是第二种采集方式。该方式不直接接触叶片，不破坏植物的生长状态。但是利用移动终端获取植物叶子图像时，不得不面对自然生长状态下的植物叶子图像。这类图像具有复杂的背景，也通常会面临光照不均匀和目标被遮挡等现象。复杂背景直接影响到目标叶子的分割提取效果，使得从所获取的图像中分割目标的难度增大，进而影响叶片特征信息的提取与识别的准确率。因此，研究复杂背景下的植物叶子图像的分割及其特征信息的提取具有重要的应用价值。复杂的背景是指图像中除了叶片外还具有的其他干扰因素，如其他叶片、树枝、叶柄、泥土、叶片重叠等，如图 1-7 所示。

图 1-7　　通过相机获取的具有复杂背景的叶片图像

1.3.2　姿态校正

为了方便和简化后续处理，往往需要对叶片图像的姿态进行校正。叶片图像姿态校正的目的是使所有植物叶片在校正后都处于同一方向摆放。因此，需要找到一个统一的标准对图像进行旋转。本课题组进行了以下两种尝试：基于最小惯性轴的旋转和基于对称轴的旋转。

1. 基于最小惯性轴的旋转

最小惯性轴是使其与形状区域所有边界点之间的距离的平方的积分值最小的直线。最小惯性轴的物理含义是指图像形状绕此直线转动惯量最小。最小惯性轴是唯一的保存形状的参考线，因此可以将最小惯性轴作为标准对植物叶片图像进行旋转。Guru 和 Nagendraswamy 将最小惯性轴用于提取形状的特征中[1]。

由最小惯性轴的物理定义可知，它是一条经过图像质心的直线。因此，只要求出质心的位置及最小惯性轴的倾斜角度便可确定最小惯性轴[2]。不同植物叶片的最小惯性轴和基于最小惯性轴的旋转结果如图 1-8 所示。

图 1-8 中第一行为各叶片的原始图像；第二行依次为第一行叶片对应的二值图像，其中红线为所求得的图像的最小惯性轴；第三行依次为二值图像基于最小惯性轴的旋转结果。前两个叶片属于不同类别的叶片，所求得的最小惯性轴基本与叶片主叶脉的方向相同，旋转后叶片都处于水平方向。后两个叶片属于同一类别的叶片，但由于类内形状差异较大，所求得的最小惯性轴的方向具有较大差别，旋转后叶片分别处于垂直方向和水平方向，旋转后的图像没能实现一致性。

图 1-8　基于最小惯性轴的姿态校正 (彩图请扫封底二维码)

2. 基于对称轴的旋转

为解决上述方法中出现的问题，一种基于对称轴的旋转方法被提出。植物叶片形状通常表现为类对称形状，植物叶片近对称轴的方向往往与植物叶片本身的主叶脉方向相同，只需将植物叶片的主叶脉方向旋转至水平方向就能实现图像旋转后方向的一致性。但植物叶片的主叶脉通常不易提取且为非规则直线，为此，本课题组提出了一种求解植物叶片图像近对称轴的方法。

考虑到叶片的对称轴同样经过图像的质心，因此只要求出质心的位置及对称轴与水平方向的夹角就能确定对称轴。将前面得到的二值图像绕质心从 0° 到 180° 每隔 1° 旋转一次，将旋转后的图像取其垂直镜像图像，并计算旋转图像与其垂直镜像图像除重叠部分外的总面积。当面积最小时，即重叠部分达到最大时，此时的旋转角度则为近对称轴与水平方向的夹角。该过程的数学描述如下

$$\text{Angle} = \{\alpha \mid S_{\min}\left(R_\alpha \cup M - R_\alpha \cap M\right), \alpha \in [0, 180]\} \tag{1.1}$$

式中，Angle 表示近对称轴与水平方向的夹角；α 为二值图像的旋转角度；$S_{\min}$ 表示区域面积，此处用总像素数表示；R_α 和 M 分别表示旋转后的二值图像及其垂直镜像图像。叶片对称轴的寻找过程如图 1-9 所示。图中第二列为左侧第一列彩色叶片的二值图像旋转后的图像，第三列为其对应的垂直镜像图像，第四列为两图像除重叠部分外区域的图像。其中，第一行为二值图像旋转至 10° 时的情况；第二行为二值图像旋转至 36° 时的情况，此时除重叠部分外的面积

达到最小，因此，36° 为叶片对称轴与水平方向的夹角，此时对称轴旋转至水平方向。

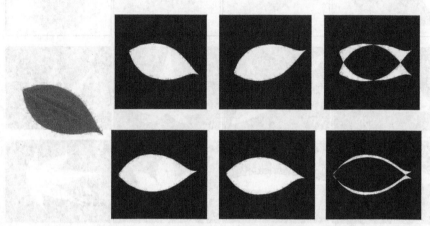

图 1-9   对称轴搜索过程 (彩图请扫封底二维码)

为检验此方法的有效性，对前面的四个叶片图像进行基于对称轴的旋转，各叶片的近对称轴和基于对称轴的旋转结果如图 1-10 所示，其中，第一行为叶片的原始图像，第二行为其最小惯性轴的位置，第三行为所求对称轴的位置。由图可知，无论植物叶片形状是否存在类间或类内差异，这种方法都可以有效地将对称轴求解出

图 1-10   基于对称轴的姿态校正 (彩图请扫封底二维码)

来。对称轴的方向也能很好地拟合叶片主叶脉的方向。基于该方法的叶片的对称轴旋转后都处于水平方向，实现了叶片位置的一致性。相对于基于最小惯性轴方法，我们所提的基于对称轴的旋转方法具有明显的优势。

　　在实际应用中，叶片通常带有叶柄，为检验所提方法对于带有叶柄的叶片图像是否适用，分别对带有叶柄的叶片图像求其最小惯性轴和对称轴，对比结果如图 1-11 所示。其中，第一行为带叶柄叶片的原始图像，第二行为其最小惯性轴的位置，第三行为所求对称轴的位置。

图 1-11　　带叶柄叶片中的比较 (彩图请扫封底二维码)

　　由图 1-11 可知，对于不同种类带叶柄的植物叶片图像，最小惯性轴的位置随叶柄的长度和弯曲程度等的不同而表现出较大的差异性，而本课题组所提的方法求得的对称轴则受叶柄的影响较小，都能较好地拟合主叶脉的方向。这是由于最小惯性轴是基于距离最小的方法，叶柄的分布在很大程度上影响了最小惯性轴的位置，当叶柄偏离主叶脉方向程度较大时，最小惯性轴也会随之偏离主叶脉方向。

而本课题组提出的对称轴的求法是基于面积最小的方法，叶柄的面积通常远小于植物叶片主体形状的面积，因而所求得的对称轴受叶柄的影响较小，都能较好地拟合主叶脉的方向，证明基于对称轴的旋转对于带叶柄的叶片图像同样适用，表现出更高的适应性和稳定性。

1.3.3　去除叶柄

大多数植物的叶子都有叶柄，也有些植物的叶子没有叶柄。叶柄是叶片与茎的联系部分，其上端与叶片相连，下端着生在茎上。叶柄通常位于叶片的基部，少数植物的叶柄着生于叶片中央或略偏下方。叶柄形态多样，粗细不一，长短各异。叶柄的存在会影响叶片图像的预处理结果。而从目前的文献调研来看，大多数基于叶片图像的植物识别系统都没有使用叶柄。因此，在进行特征提取之前，需要把叶柄去除，以方便后续的特征提取和分类识别。

现有的一些对于叶柄检测提取方面的研究，如文献 [3-6]，在处理一些特定图像时都存在一些问题，如误检测、过度分割等。本课题组提出了一种基于 HSI 色彩空间的叶柄检测方法。该方法可以减少工作差，具有实用性和广泛性。因此，该方法在实际应用方面具有极大的潜力。

该方法的流程如图 1-12 所示。首先，利用 HSI 彩色空间[7] 对 RGB 图像进行分解。其次，对饱和度通道进行二值分割。最后，在此基础上进行叶柄检测。

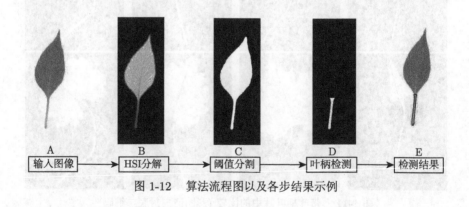

A　　　　　　　B　　　　　　　C　　　　　　　D　　　　　　　E
输入图像　→　HSI分解　→　阈值分割　→　叶柄检测　→　检测结果

图 1-12　　算法流程图以及各步结果示例

1. HSI 色彩空间

HSI 色彩空间对于传统 RGB 色彩空间来说更加符合人眼视觉，它自然、直观，更易于被人们接受。而这个彩色空间是由非线性变换得到的 [8]。其中，H、S、I 分别代表色调、饱和度、亮度。色调是一种对颜色纯色属性的表述。饱和度是该种颜色被白色掺杂稀释的程度。亮度表示颜色的明暗程度。HSI 色彩空间也有多

种变化，如 HSB、HSL、HSV 等 [9]。本课题组使用的 RGB 与 HSI 的转换公式如下

$$S = 1 - \frac{3\min(R, G, B)}{R + G + B} \tag{1.2}$$

$$I = \frac{R + G + B}{3} \tag{1.3}$$

$$H = \begin{cases} \theta, & B \leqslant G \\ 2\pi - \theta, & B > G \end{cases}, \quad \theta = \arccos(h) \tag{1.4}$$

其中，

$$h = \frac{2R - G - B}{\sqrt{(R - G)^2 + (R - B)(G - B)}} \tag{1.5}$$

式中，H 为色调；S 为饱和度；I 为亮度；θ 和 h 为临时变量；R、G、B 分别为 RGB 色彩空间中的红色分量、绿色分量和蓝色分量。

2. 阈值分割

图像分割的精度直接影响后续处理，因此需要格外重视。这里用 $f(x,y)$ 表示灰度图像的灰度值，$g(x,y)$ 表示二值图像的像素值 (0 或 1)，二者的关系可用式 (1.6) 表示。

$$g(x,y) = \begin{cases} 1, & f(x,y) \geqslant L \\ 0, & f(x,y) < L \end{cases} \tag{1.6}$$

式中，L 是二值分割阈值，待分割图像低于阈值的部分被认为是背景，其余部分就是目标——叶片图像。这个阈值分割的过程如下。

1) 设置一个预估的初始值 L。建议取图像灰度最大值与最小值之间的中值，在之后的迭代中，L 的值会不停地发生改变。

2) 利用 L 对图像进行阈值分割，这样就得到了两组像素：G_1 和 G_2。G_1 包含了所有灰度值小于等于 L 的像素点；G_2 涵盖了所有灰度值大于 L 的像素点。

3) 在 G_1 范围与 G_2 范围内分别计算它们的灰度平均值 μ_1 和 μ_2。

4) 根据 μ_1 和 μ_2 计算一个新的 L 值。

$$L = \frac{\mu_1 + \mu_2}{2} \tag{1.7}$$

5) 计算新旧 L 值之间差的绝对值 $\Delta L = |L - L'|$，其中，L 和 L' 分别代表了本次最新的 L 值与上一次循环得出的 L 值。

6) 重复步骤 2)～步骤 5)，直到满足 $\Delta L < E$。其中，E 是一个很小的常数，如 $E = 0.001$。

在某些特定的情况下，这样得出的结果会包含很多孔洞或者在背景中含有其他孤立的噪点，这需要利用形态学方法 (如填充孔洞、去除颗粒噪声等) 进一步处理来取得理想的结果。

3. 叶柄检测

在进行叶柄检测之前，需要保证叶柄处于图像的下方，叶片处于图像的上方，也就是所谓的摆正，可以有 0°～45° 的误差。

在数字图像分析时，目标的宽度主要是由两个因素决定：目标的实际宽度和图像的分辨率。因此在提出的算法中要包括一种自适应方法来估算叶柄的宽度。

目标图像是由像素构成，而决定叶柄像素位置的步骤如下。

1) 由下到上一排排搜索像素点，当第一次出现灰度值为 1 的像素时，就可以认为叶子的最低端被找到，这一行像素的标号记为 R_L。

2) 由此行开始继续向上搜寻，当首次出现某行中不存在灰度值为 1 的像素的状况时，就可以看作已经找到了叶子的顶部。这一行像素的标号记为 R_H。由此可见，整个叶子的高度就是 $R_L - R_H$。

3) 叶子底部作为起始点，找到在该点之上高度为整个叶子高度 1/12 的那一行。然后计算这一行所有的像素值，其结果就被作为叶柄的平均宽度，设为 D。通过实验发现，将 1.8 倍 D 的宽度作为区别叶片和叶柄的分隔标志，可以得到最稳定的结果。

4) 找到图像底部的行 R_L，继而分别找到该行的最左端终点 P_l 和最右端终点 P_r。

5) 计算该行的中间点 P_c：$P_c = (P_l + P_r)/2$。

6) 从 P_c 点开始，搜索该点正上方一行同一位置的点作为新的起始点，记作 P_c。之后，向左向右寻找该行的目标点，直到搜索到背景点位置为止。由于起始点是目标图像在该行的中间点，所以 P_c 点正上方是背景点的可能性非常低。最终，计算出该行叶柄的宽度，也就是像素值的总和，记录为 D_i。继而可以寻找到新的起始点 P_c，这个过程如图 1-13 所示。这样在每一行都会有记录。

7) 重复上一步的操作直到满足 $D_i \geqslant 1.8D$ 条件时停止。但是在有些特定情况下，叶柄的宽度和叶片相似，这种情况就必须满足 $D_i \geqslant 1.3D$ 这一停止条件了。但是这样仍然不能确定目前的 P_c 点就是叶基点的位置，因为有些图像中，叶柄是弯曲的。在某些情况下，也可以弯曲到 90°，这时可能会提前满足 $D_i \geqslant 1.8D$ 的条件。在这种情况下，叶柄就不能被完整地检测出来。因此，必须加上一个限制条件：只有当目前行的 D_i 值与该行之上 1.8 倍 D 位置行的 D_i 值同时大于等于 $1.8D_i$ 时，目前行的 P_c 点才能被认定为叶基点并被记录下来。

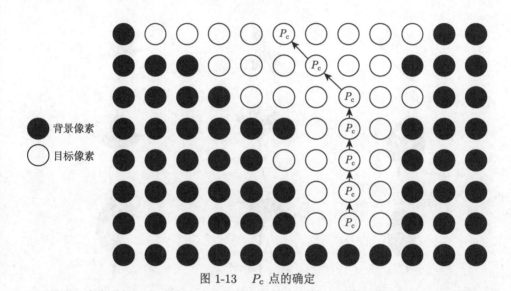

图 1-13　P_c 点的确定

8) 为了保证所得结果的精确性，重要的一步就是计算检测到的叶柄宽度的方差。只有当宽度的方差稳定时，结果才是可靠的。如果不是，方差突变的点可以确定为叶基点的位置。

4. 实验结果与分析

由于参数的设置是神经网络模型中的重要环节，故给出参数设置如下：$\beta^1 = 0.8$，$\beta^2 = 0.2$；卷积核 $K = [0.707, 1, 0.707; 1, 0, 1; 0.707, 1, 0.707]$；$M(\cdot) = W(\cdot) = Y[n-1] \otimes K$，其中，$\otimes$ 代表卷积运算；等级参数 $\sigma = 1.0$；时间衰减常数 $\alpha_T = 0.012$；补偿参数 $V_T = 12\,000$。图 1-14 给出了部分实验结果，以此来证明算法的可行性。

图 1-14   基于 HST 色彩空间的叶柄检测方法部分实验结果 (彩图请扫封底二维码)

　　该方法与文献 [5,6,10] 中的算法相比具有一定的优势。其中，与文献 [10] 中的算法相比，本书提出的采用自适应方式估计叶柄宽度的算法，更加具有灵活性。同时，文献 [10] 中的算法可能会误检测出狭窄的叶片，如图 1-15 所示。

　　与文献 [5] 中利用传统形态学腐蚀的算法相比，本书算法可以有效避免特定错误，即将叶片顶部的尖细部分错误地检测为叶柄图像，如图 1-15 所示。

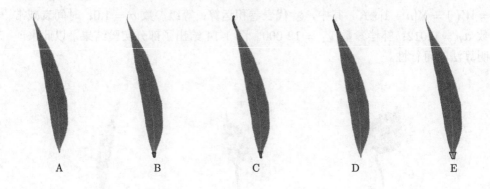

A   B   C   D   E

图 1-15　不同叶片类型的叶柄检测结果 (彩图请扫封底二维码)

A. 实验图片；B. 本书算法结果；C. 文献 [10] 算法结果；D. 文献 [5] 算法结果；E. 文献 [6] 算法结果

　　与文献 [6] 中的算法相比，本书的算法处理一些特殊情况，如叶柄弯曲将近 90°，有不错的处理效果，如图 1-15 所示。可以看到文献 [6] 中的算法只是检测出了一小部分叶柄。

　　为了保证算法的普遍适用性，本书选取了智能计算实验室 (intelligent computing laboratory，ICL) 叶片数据集 (以下简称 ICL 数据集) 来进行实验。ICL 数据库包含了 169 种叶子，共 5020 张图像。同时也与文献 [5,6,10] 中的算法进行了对比，可以看出本书算法在准确率方面有一定的优势，其结果见表 1-1。

表 1-1　实验各算法处理结果

算法	实验图数	正确识别图像数	识别率 (%)
文献 [10]	5020	4066	81.00
文献 [5]	5020	4384	87.33
文献 [6]	5020	3776	75.22
本书	5020	4581	91.25

　　总的来说，通过一系列的数据和对比，本书算法能够在不同的情况下取得相对准确的结果。由于采用了自适应估算叶柄宽度的方法，本书算法比其他从叶子底部探索叶柄宽度的方法更加具有实用性和可靠性。另外，本书算法提出了附加限制条件来寻找叶柄终结位置，这样可以避免很多误检测产生。

参 考 文 献

[1] Guru D S, Nagendraswamy H S. Symbolic representation of two-dimensional shapes[J]. Pattern Recognition Letters, 2007, 28(1): 144-155.

[2] Tsai D M, Chen M F. Object recognition by a linear weight classifier[J]. Pattern Recognition Letters, 1995, 16(6): 591-600.

[3] Yang W X, Cai J F, Zheng J M, et al. User-friendly interactive image segmentation through unified combinatorial user inputs[J]. IEEE Transactions on Image Processing, 2010, 19(9): 2470-2479.

[4] Shen R, Cheng I, Shi J B, et al. Generalized random walks for fusion of multi-exposure images[J]. IEEE Transactions on Image Processing, 2011, 20(12): 3634-3646.

[5] 王晓洁, 郑小东, 赵中堂. 基于数学形态学的植物叶柄与叶片分割[J]. 农机化研究, 2009, 31(5): 42-44.

[6] Zheng X D, Wang X J, Zhao Z T. Segmentation algorithm of leafstalk and lamina based on shape feature[J]. Computer Engineering and Design, 2010, 31(4): 918-921.

[7] Zou B J, Zhou H Y, Li L Z, et al. PCNN-HSI based pixel-level image fusion method[J]. Journal of Computational Information Systems, 2012, 8(10): 4303-4313.

[8] Carron T, Lambert P. Color edge detector using jointly hue, saturation and intensity[C]//Proceedings of 1st International Conference on Image Processing. Vol. 3. Austin: IEEE, 1994: 977-981.

[9] Kim K M, Lee C S, Lee E J, et al. Color image quantization using weighted distortion measure of HVS color activity[C]//Proceedings of 3rd IEEE International Conference on Image Processing. Vol. 3. Lausanne: IEEE, 1996: 1035-1039.

[10] Mzoughi O, Yahiaoui I, Boujemaa N. Petiole shape detection for advanced leaf identification[C]//2012 19th IEEE International Conference on Image Processing. Orlando: IEEE, 2013: 1033-1036.

第 2 章　具有复杂背景的叶片图像分割方法

叶片图像分割是叶片图像识别的关键步骤之一。通过扫描装置获得的图像，背景单纯，噪声和干扰都比较少。使用传统的图像分割方法就可以很好地把叶片从背景中分割出来。但是利用相机、手机等设备通过非接触方式获取的叶片图像，其背景就比较复杂，如图像中可能存在叶片重叠、相似颜色叶片干扰等现象，这些都对分割工作造成极大干扰，传统的分割方法极易造成分割失败。因此，我们提出了一种基于随机漫步的图像分割算法对具有复杂背景的叶片图像进行分割。

2.1　随机漫步模型

2.1.1　随机漫步模型的由来

随机漫步 (random walk，RW) 最早由 Karl Pearson 在 1905 年提出 [1]。随机漫步的概念很广泛，但一般都可抽象成不规则、随机的物体运动，基于这种运动的诸多统计特性和算法模型被广泛用于科学分析，目前已经运用在经济、生态、物理、化学、生物等领域 [2]。在图像处理领域，随机漫步的应用历史很长，随机漫步概念可以解释很多图论相关知识 [3]，已经被用于诸多应用之中 [4-8]。

一个简单的一维随机漫步例子可以描述成如下情形 (图 2-1)：一个漫步者沿着一条有 5 个路口的街道走动。漫步者从第 x 个路口处出发，并以相同的概率随机向左或向右走动，0.5 的概率向左，0.5 的概率向右。到下一个路口，漫步者又重新随机选择方向。漫步者一直走，直到最后，要么到达左边的酒吧，要么到达右边的家。漫步者到达这两处后就不再走动了。最后求漫步者到达家先于到达酒吧的概率。通过概率论知识，可以知道如果漫步者出发的位置是 x，那么最终漫步者到达家先于到达酒吧的概率是 $P(x) = x/5$。进一步分析，假设家和酒吧的距离为 N，从 x 处出发，则漫步者到达家先于到达酒吧的概率 $[P(x)]$ 有如下性质：

a. $P(0) = 0$；

b. $P(N) = 1$；

c. $P(x) = 0.5P(x-1) + 0.5P(x+1)$。

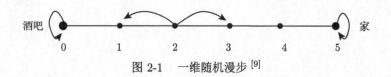

酒吧   家

图 2-1   一维随机漫步 [9]

假设 S 是点集 $\{0, 1, 2, \cdots, N\}$，则称 $\{1, 2, \cdots, N-1\}$ 为 S 的内部点，$\{0, N\}$ 为 S 的边界点。a) 和 b) 可看作问题的边界条件，即问题的边界点需满足的条件。在本例中问题还满足条件 c)，满足这种条件的函数 $f(x)$ 为调和的，因为内部任意一点的取值等于周边点的平均值。给定边界条件求解一个调和函数叫作狄利克雷 (Dirichlet) 问题。在这里，可以说 $P(x)$ 是 Dirichlet 问题的解。

这里讨论的 Dirichlet 问题是一种离散化的 Dirichlet 问题，最初的 Dirichlet 问题源于二维平面上薄片温度的求解。比如有一块如图 2-2 所示的正方形的薄钢板，钢板各处导热率相等，中间切掉了一小块。里面小正方形边界温度保持为 0，大正方形边界温度保持为 1。现在需要求解钢板上各点的温度。

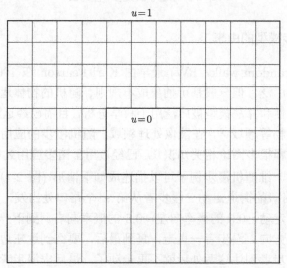

图 2-2   求解薄片温度分布 [9]

u 代表温度

如果 $u(x, y)$ 是在坐标 (x, y) 处的温度，那么 u 满足拉普拉斯微分方程：

$$u_{xx} + u_{yy} = 0 \tag{2.1}$$

满足这个微分方程的函数叫作调和的函数 [10]。定义在图上的满足特定边界条件的调和函数已在诸多领域有应用，包括图像滤波、图像着色、机器学习等[9,11,12]。本

例中 $u(x,y)$ 有这样的性质，在坐标 (x,y) 处温度 $u(x,y)$ 等于以 (x,y) 为圆心的任意圆内部点温度的平均值。因此，要求解薄片各处的温度，只需要找到满足给定边界条件的一个调和函数即可。

求解这种问题，一般都会把这个问题离散化处理再求解。本例中的温度分布问题可看作二维平面上的随机漫步问题，根据上面提到的一维随机漫步的例子，可想象成，漫步者在如图 2-2 所示"街道"走动，经过每一个"路口"，漫步者的下一步方向都是随机的，到达外部边界表示"回到家"，到达内部边界表示"回到酒吧"。问漫步者到达外部边界先于到达内部边界的概率是多少。这个概率与温度分布有相同的值。文献 [13] 给出了四种求解这个问题的方法：蒙特卡洛算法 (Monte Carlo method)、松弛法、根据平均性质求解方程、马尔科夫链方法。更多细节可参考文献 [13]。

上文提到的随机漫步被称为经典随机漫步，是因为漫步者运动过程中，向所有可能方向走动的概率是相等的，这种模型用于理论研究是很有益的。比如，可以很直观地看到，漫步者首先"到达家"的概率和漫步者与"家"的距离是相关的；可以通过求解这个概率判断漫步者出发时位置与"家"之间的距离。实际应用中，往往采用的是一种更一般的模型，漫步者往各个方向走动的概率是不相等的。比如，在一个图中，可以通过求解漫步者首先到达各个顶点的概率，判断漫步者出发位置与各个顶点的亲疏关系。

2.1.2　随机漫步标准模型

与经典随机漫步模型不同的是，用于图像分割的图模型边的权重可能不再相等，漫步者向每个方向走动的概率也不相等。用于图像分割的随机漫步算法通过计算漫步者从未标记像素点出发首先到达各标记像素点的概率，获得未标记像素点和已标记像素点的亲疏关系。通过亲疏度的值来完成图像每个像素点的聚类，达到图像分割的任务。

随机漫步主要用来定义聚类算法。在 Grady 的随机漫步模型中，随机漫步者被定义为在边缘之间移动的步行者，其概率与边权重成正比 [14]。给定一组数据结点和所有数据结点之间的相似度，聚类的目标是将数据结点分成若干组，令在同一组中的点相似，而不同组中的点不相似。构造加权图 $G(V,E,W)$ 以表示数据结点之间的关系，其中，V 表示顶点的集合；E 表示边的集合；W 表示分配给每条边的权重。因此，聚类问题可以转化为找到图分区的一个问题。不同组之间的边缘具有非常低的权重，同一组内的边缘具有高权重。确保了不同群集中的点彼此不相似，同一群集中的点彼此相似。

Grady 的随机漫步模型是图论上传统随机漫步的一种改进，用于测量漫步者从未标记结点出发，首次到达一个标记结点的概率。Grady 的随机漫步模型已经成功应用于包括图像分割、图像融合、图像标注和分类、2D-3D 转换在内的多个图像处理领域。

在这个模型中，随机漫步者首先到达一个标记结点的概率就等于 Dirichlet 问题的解。标记结点的边界条件固定为 1，其余部分设为 0 [15]。从电路的角度来看，随机漫步者首先到达标记结点的概率等于相应电路的节点上的电位，其中电导代表权重，标记结点的电压值为 1，其他为 0[16,17]。从数据结点出发的随机漫步者首先到达数据结点的概率可以通过共轭梯度法求解一个线性方程组来快速获得 [18]。因此，可得到每个数据结点与标记结点之间的亲疏关系。

在 Grady 和 Funkalea 的文献中 [19] 数据集 $\{d_1, d_2, \cdots, d_n\}$ 包含 n 个数据结点。标记 k 个数据结点，表示需要将数据结点聚类为 k 个类，通过计算随机漫步者从未标记结点出发首次到达 k 个标记结点的概率。概率的大小代表标记结点与未标记结点之间的亲疏关系，基于概率值的大小完成聚类。

这个理论最初是由 Leo Grady 和 Gareth Funka-Lea 在 2004 年发表的一篇会议论文中提出 [19]，在 2005 年得到扩展，在 2006 年进行了详细描述 [14,20]。Leo Grady 首次把随机漫步理论应用于图像的分割中。在 Leo Grady 模型里，图像中每一个像素点都被看作一个数据结点。通过对数据结点进行聚类，可以成功地对目标区域和背景区域进行分割。在本书中，为便于阅读，将 Leo Grady 模型称为标准随机漫步模型。

标准随机漫步模型可以简单地用图 2-3 进行描述。从图 2-3B~D 可以看出，图中标记红色的点到达 L_1、L_2 和 L_3 的概率分别为 0.53、0.41 和 0.06，之和恰好为 1。由于图中标记红色的点到达结点 L_1 的概率是 0.53 且最大，所以图中标记红色的点与标记结点 L_1 属于同一个区域。

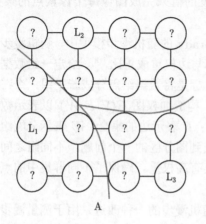

A

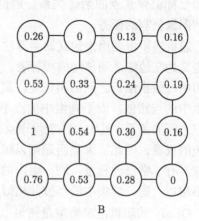

B

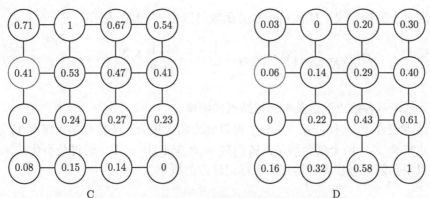

图 2-3　标准随机漫步模型 (彩图请扫封底二维码)

A 是一个 4×4 的图像，其中，L_1、L_2、L_3 分别代表用户自定义的不同的三个标记结点，黄色曲线表示 RW 模型的分割结果。B~D 表示每一个随机漫步者在首次到达标记结点 L_1、L_2、L_3 的概率情况，其中，每个标记结点到达自身的概率为 1，到达其他标记结点的概率为 0

标准随机漫步模型的主要思想：首先，给定 n 个数据结点，基于这些数据结点构造一个全连通的加权图 $G(V, E, W)$，一个含有 n 个结点的集合 $V = \{v_1, v_2, \cdots, v_n\}$，一个含有 m 条边的集合 $E = \{e_1, e_2, \cdots, e_m\}$。每条边 e_{ij} 连接两个顶点 v_i 和 v_j。边的度的方程式见式 (2.2)。算法需要标记 k 个结点作为标记结点，以便将图像分割为 k 个不同的区域。

$$d_i = \sum_{e_{ij} \in E} w_{ij} \tag{2.2}$$

式中，w_{ij} 代表每条边 e_{ij} 的权值；d_i 代表边的度。

定义矩阵 A 表示结点和边的关系，其大小为 $m \times n$。其数学表达式为

$$A_{e_{ij}V_k} = \begin{cases} +1, & i = k \\ -1, & j = k \\ 0, & \text{其他情况} \end{cases} \tag{2.3}$$

式中，$A_{e_{ij}V_k}$ 表示结点 V_k 与边 e_{ij} 的关系。

拉普拉斯矩阵 L 见式 (2.4)，其大小为 $n \times n$。该矩阵是一个对称的半正定矩阵。

$$L_{ij} = \begin{cases} d_i, & i = j \\ w_{ij}, & v_i \text{ 和 } v_j \text{ 位于一条边上} \\ 0, & \text{其他情况} \end{cases} \tag{2.4}$$

本构矩阵 C 是一个大小为 $m \times m$ 的对角矩阵，该矩阵对角线上的元素是各个边的权值。

通过上面的定义，Dirichlet 积分函数可以由式 (2.5) 表示：

$$D(x) = \frac{1}{2}(Ax)^T C(Ax) = \frac{1}{2}x^T L x = \frac{1}{2}\sum_{e_{ij}\in E}(x_i - x_j)^2 \tag{2.5}$$

式中，x 表示各结点到达某个标记结点的概率。

结点集合 $V = \{v_1, v_2, \cdots, v_n\}$ 可以分为两大集合：未标记结点集合 V_χ 和标记结点集合 V_ξ。两个集合满足：$V_\chi \bigcap V_\xi = \varnothing, V_\chi \bigcup V_\xi = V$。通过最小化式 (2.6)，就可以得到随机漫步者到达每一个标记结点的概率。

$$D(x) = \frac{1}{2}\begin{bmatrix} x_\xi^T & x_\chi^T \end{bmatrix}\begin{bmatrix} L_\xi & B \\ B^T & L_\chi \end{bmatrix}\begin{bmatrix} x_\xi \\ x_\chi \end{bmatrix} = \frac{1}{2}(x_\xi^T L_\xi x_\xi + 2x_\chi^T B^T x_\xi + x_\chi^T L_\chi x_\chi) \tag{2.6}$$

式中，B 表示未标记结点与已标记结点的相互关系；B^T 为 B 的转置矩阵；x_χ 和 x_ξ 分别表示未标记结点集合 V_χ 和标记结点集合 V_ξ 中的结点到达某个标记结点的概率。为了求解式 (2.6)，x_χ 需要满足：

$$L_\chi x_\chi = -B x_\xi \tag{2.7}$$

因此，大小为 $|V_\varsigma| \times 1$ 的向量 m^s 可定义如下

$$m_j^s = \begin{cases} 1, & Q(v_j) = s \\ 0, & Q(v_j) \neq s \end{cases} \tag{2.8}$$

假设被标记的像素点和未被标记的像素点个数分别为 k 和 u，且 $k + u = n$。那么，对于标记结点 s 的 Dirichlet 问题可由下式解决：

$$L_\chi x^s = -B m^s \tag{2.9}$$

式中，L_χ 是大小为 $u \times u$ 的矩阵；x^s 是大小为 $u \times 1$ 的向量，x^s 表示每个结点到达标记结点 s 的概率；B 是大小为 $u \times k$ 的矩阵；m^s 是大小为 $k \times 1$ 的向量。

最终，Dirichlet 问题可以通过求解式 (2.8) 得出：

$$L_\chi X = -B M \tag{2.10}$$

式中，X 是大小为 $u \times k$ 的矩阵；M 是大小为 $k \times k$ 的矩阵。每个未标记的像素可以得到 k 个标记概率，代表每个随机漫步者首次到达 k 个标记的概率。然后每个未标记结点按照其首次到达某个标记结点的最大概率来分配其对应的标签。这

种特殊的线性方程组可以用诸如共轭梯度法等数学方法快速求解[18]。算法步骤总结如下。

1) 根据高斯函数，确定边的权重，建立图模型。

2) 在图像上给出 k 个标记。

3) 求解式 (2.10)，得到每个未标记像素与 k 个标记的关系。

4) 根据上一步结果，为未标记像素分配标记，得到分割结果。

图 2-4 为标准随机漫步用于图像分割的一个示例。由图 2-4 可知，根据随机漫步概率可以知道漫步者出发位置与标记位置的亲疏关系，据此可以实现一系列的应用。

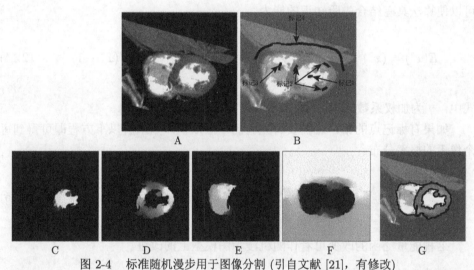

图 2-4　标准随机漫步用于图像分割 (引自文献 [21]，有修改)

A. 原始图像；B. 在原始图像上做标记，如图有 4 类标记，表示欲将图像分成 4 部分；C~F. 分别表示图像各像素与标记 1、2、3、4 的亲密度 (漫步者从各像素位置出发到达各标记先于其他标记的概率)；G. 为根据亲密度得到的分割结果

2.1.3　随机漫步改进模型

随机漫步算法可用来计算图模型中标记点和未标记点之间的亲疏关系。利用这种性质，只需要把图模型稍加改变，就可以应用在其他相关应用中。Leo Grady 等提出了一种图像分割算法[20]，假设预先知道了关于未标记点与标记的一些知识，比如 λ_i^s 表示像素 I_i 在标记 L_s 亮度分布内的概率密度，每个标记的概率是相等的，那么根据贝叶斯定理，I_i 可标记为 L_s 的概率 (x_i^s) 为

$$x_i^s = \frac{\lambda_i^s}{\sum_{q=1}^{k} \lambda_i^s} \tag{2.11}$$

可以把上式写成如下向量：

$$\left(\sum_{q=1}^{k} \Lambda^q\right) x^s = \Lambda^s \tag{2.12}$$

上面的等式会最小化下面的能量泛函：

$$E = \sum_{q=1,q\neq s}^{k} (x^s)^T \Lambda^q x^s + (x^s - 1)^T \Lambda^s (x^s - 1) \tag{2.13}$$

所以，只需要把原始的求解随机漫步概率的能量泛函和这个泛函结合起来，就可以使算法具有结合先验知识的能力。

$$E(x^s) = (x^s)^T \Lambda^s x^s + \gamma \sum_{q=1,q\neq s}^{k} (x^s)^T \Lambda^q x^s + (x^s - 1)^T \Lambda^s (x^s - 1) \tag{2.14}$$

式中，γ 为加权系数。

如果有标记点的话，还需要有先验的一些知识，则求解以下方程即可得到每个像素的概率分布。

$$\left(L_{\mathrm{U}} + \gamma \sum_{r=1}^{k} \Lambda_{\mathrm{U}}^r\right) x_{\mathrm{U}}^s = \gamma \lambda_{\mathrm{U}}^s - B f^s \tag{2.15}$$

这种能量泛函的改变可看作随机漫步图模型上的改进。

1. 先验随机漫步模型

从标准随机漫步模型可以看出，它需要每一个分割区域都连接一个标记结点，而且只考虑了像素原有的位置和颜色梯度信息，然而像素本身所具有的颜色信息却被忽略，因此这在很大程度上限制了算法的可行性。Grady 在 2005 年改进了算法 [20]，提出了先验随机漫步模型 (random walk using prior model，RWPM)，在该模型中，额外加入了一些表示先验知识的预先标记点。

首先定义 λ_i^s 用来表示像素结点 v_i 在标记 l^s 的亮度分布内的概率密度，即预先知道的关于未标记结点跟标记结点之间的知识。对于每个标记，其概率都相等，然后根据 Bayes 定理，结点 v_i 可标记为 l^s 的概率 $x_i^s x_i^s$ 可由式 (2.16) 得出：

$$x_i^s = \frac{\lambda_i^s}{\sum\limits_{q=1}^{k} \lambda_i^q} \tag{2.16}$$

上式可以改写成式 (2.17)，它是该函数的最小能量分布。

$$\left(\sum_{q=1}^{k} \Lambda^q\right) x^s = \Lambda^s \tag{2.17}$$

式中，Λ^s 是对角矩阵，其对角线上的元素为 λ^s。

为了获得标准模型中的期望概率，需要最小化式 (2.5)，将其转换为式 (2.18)。同理，可以得到式 (2.19)。新模型的能量总和可以由式 (2.20) 来表示。

$$E_{\text{spatial}}(x^s) = x^{sT} L x^s \tag{2.18}$$

$$E_{\text{aspatial}}(x^s) = \sum_{q=1, q\neq s}^{k} x^{sT} \Lambda^q x^s + (x^s - 1)^T \Lambda^s (x^s - 1) \tag{2.19}$$

$$E_{\text{Total}}^s(x^s) = E_{\text{spatial}}^s(x^s) + E_{\text{aspatial}}^s(x^s) \tag{2.20}$$

当 x^s 满足式 (2.21) 时，可以将式 (2.20) 最小化。

$$\left(L + \gamma \sum_{r=1}^{k} \Lambda^r\right) x^s = \gamma \lambda^s \tag{2.21}$$

式中，γ 代表可调参数。

然后，结合用户的标记结点和一些先验知识，通过求解式 (2.22) 可以得到每个像素点的概率分布。

$$\left(L_\chi + \gamma \sum_{r=1}^{k} \Lambda_\chi^r\right) x^s = \lambda_\chi^s - B m^s \tag{2.22}$$

2. 广义随机漫步模型

Shen 等提出了广义随机漫步 (generalized random walk，GRW) 模型，用来解决图像融合问题 [22]。广义随机漫步模型如图 2-5 所示。其中，黄色结点即标记结点，代表了待处理的源图像。蓝色结点即像素结点，代表了融合图像中对应的像素位置。在 Grady 的随机漫步模型中，标记结点只与其相邻的结点有边的连接，而在下图模型中标记的结点与图中所有未标记结点都有边的连接。

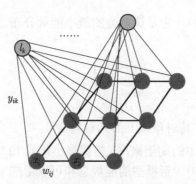

图 2-5　广义随机漫步模型 (彩图请扫封底二维码)

　　GRW 模型的定义　首先，定义变量集 $\chi = \{x_1, x_2, \cdots, x_n\}$，表示未标记结点的集合，$x_i \in \chi$ 即对应的第 i 个像素结点。定义标记集 $\zeta = \{l_1, l_2, \cdots, l_k\}$，表示标记点的集合，$l_k \in \zeta$ 即第 k 个源图像。其次，与 Grady 的模型一样，建立一个图 $G(V, E)$，其中 V 是集合 χ 跟集合 ζ 的并集。$E = \{e_1, e_2, \cdots, e_m\}$ 可分为两部分的集合，一部分为 χ 中像素点与四邻域像素结点连接边的集合，一部分为 χ 中像素点与 ζ 中标记结点之间连接边的集合。边 e_{ij} 表示连接了两个像素点 v_i 和 v_j。如果 e_{ij} 连接了一个像素结点和一个标记结点，那么其权值 w_{ij} 表达式为式 (2.23)。

$$w_{ij} = \prod_k \exp\left(-\frac{\left\|p_i^k - p_i^j\right\|}{\sigma_w}\right) \approx \exp\left(\frac{\bar{p}_i - \bar{p}_j}{\bar{\sigma}_w}\right) \tag{2.23}$$

式中，p_i^k 和 p_i^j 表示在第 k 个源图像上相邻的两个像素值；$\|\cdot\|$ 表示欧氏距离；$\bar{p}_i$、$\bar{p}_j$ 可以由式 (2.25) 得到；σ_w 和 $\bar{\sigma}_w (\bar{\sigma}_w = \sigma_w/K$ 其中，K 为总通道数) 是可调参数。

$$y_{ik} = \theta_{ik}\left[\text{erf}\left(\frac{\left|g_i^k\right|}{\sigma_y}\right)\right]^K \tag{2.24}$$

$$\bar{p}_i = \frac{1}{K}\sum_k p_i^k \tag{2.25}$$

式中，g_i^k 表示在第 k 个源图像中亮度通道的第 i 个像素位置处的二阶偏导数；$|g_i^k|$ 是 g_i^k 的大小；$\text{erf}(\cdot)$ 是高斯误差函数；σ_y 是一个加权系数，通过计算 g_i^k 的方差得到。

　　权值 c_{ij} 反映了结点 v_i 和 v_j 的相通性，其关系式如下

$$c_{ij} = \begin{cases} \gamma_1 y_{ij}, & v_i \in \chi \bigcap v_j \in \zeta \\ \gamma_2 w_{ij}, & v_i \in \chi \bigcap v_j \in \chi \end{cases} \tag{2.26}$$

式中，γ_1 和 γ_2 是正系数，用来影响 y 和 w 的权值。

现在，通过式 (2.27) 来定义拉普拉斯矩阵 L，也可以用式 (2.28) 来表示。

$$L_{ij} = \begin{cases} d_i, & i = j \\ -c_{ij}, & (v_i, v_j) \in E \\ 0, & \text{其他情况} \end{cases} \tag{2.27}$$

$$L = \begin{bmatrix} L_\zeta & B \\ B^T & L_\chi \end{bmatrix} \tag{2.28}$$

式中，L_ζ 是大小为 $K \times K$ 的子矩阵，表示 ζ 内部的相互作用；L_χ 是大小为 $N \times N$ 的子矩阵，表示 χ 内部的相互作用；B 表示 ζ 与 χ 之间的相互作用。

其能量函数 E_{GRW} 表达式如式 (2.29) 所示：

$$E_{\text{GRW}} = \frac{1}{2} \sum_{(v_i, v_j) \in E} C_{ij}[u(v_i) - u(v_j)]^2 \tag{2.29}$$

式中，$u(v_i)$ 可以看作是结点 v_i 第一次到达某个目标标记结点的概率。

另外，定义 u_ζ、u_χ 如式 (2.30)、式 (2.31) 所示。为了最小化能量函数 E，需要求解式 (2.32) 来找到合适的函数 u_χ。

$$u_\zeta = [u(l_1), \cdots, u(l_n)]^T \tag{2.30}$$

$$u_\chi = [u(x_1), \cdots, u(x_n)]^T \tag{2.31}$$

如果 l_i 是目标标记结点，那么 $u(l_i)$ 概率为 1，反之 $u(l_i)$ 概率为 0。

$$L_\chi u_\chi = -B^T u_\zeta \tag{2.32}$$

一般来说，广义随机漫步 (GRW) 模型与先验随机漫步模型 (RWPM) 十分类似，但是也有一些不同之处：在 RWPM 中的结点先验信息 λ_i^s 对应于 GRW 模型中权值函数 $y(\cdot)$，λ_i^s 需要预先定义，因此有一定的限制性，而在 GRW 模型中则没有这种限制。在 RWPM 中先验信息 λ_i^s 权值函数对应 GRW 模型中的 $w(\cdot)$，在 RWPM 中先验信息 λ_i^s 被视为一个正则项，而在 GRW 模型中，$y(\cdot)$ 和 $w(\cdot)$ 用来表示相似性或者相容性，用来定义转移概率。

3. 尺度空间随机漫步模型

标准随机漫步模型对噪声没有鲁棒性。Rzeszutek 等发现其原因在于，当给定起始点与目标点之间的最短路径时，对于路径上的未知结点，其概率将单调递减[23]。为了解决这个问题，他们提出了尺度空间随机漫步 (scale-space random walk, SSRW) 模型。先利用等距的高斯核函数逐步将图像进行模糊化，生成一个 N 级的尺度空间。其数学表达式可描述为式 (2.33)。因为在较粗糙的尺度下，它可以消除在精细尺度上出现的噪音和纹理问题。

$$Sc = \left\{ I(x,y) \times f(x,y \mid \sigma_n) : \sigma_n = 0, 1, 2, \cdots, 2^{N-1} \right\} \tag{2.33}$$

式中，$f(x,y \mid \sigma_n)$ 表达形式如式 (2.34) 所示。

$$f(x,y \mid \sigma_n) = \frac{1}{\sqrt{2\pi\sigma_n^2}} \exp\left\{ \frac{-(x^2 + y^2)}{2\sigma_n^2} \right\} \tag{2.34}$$

然后，在每个尺度空间运行随机漫步算法，并得到 N 个概率图。最后，给定尺度空间概率 $P = \{P(x,y \mid n) : n = 0, 1, 2, \cdots, N-1\}$，计算每个像素概率的几何平均数，如式 (2.35) 所示，最终得到概率 $P(x,y)$。

$$P(x,y) = \left[\prod_{n=0}^{N-1} P(x,y \mid n) \right]^{1/N} \tag{2.35}$$

该模型确保了细节信息可以通过模型进行传播，而对较粗尺度的模糊化则降低了噪声的影响。在 Rzeszutek 等的文章中，标签在每个尺度有相同的位置。如图 2-6 所示，尺度空间随机漫步模型是一个 6-连通图，其中各个图层堆叠在一起。在这种结构中，精细层能够有效地提取细节信息，无噪声的粗糙层则保证了该模型对噪声的鲁棒性。

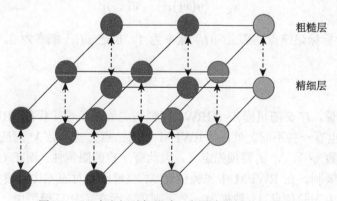

图 2-6   尺度空间随机漫步 (彩图请扫封底二维码)

4. 限制随机漫步模型

Yang 等考虑到使用多用户输入信息可更好地反映用户的意图 [24]。因此，他们提出了限制随机漫步 (constrained random walk，CRW) 模型来进行图像分割。传统模型中，只在前景和背景放置两种种子点，用以识别前景和背景区域。而该模型与之不同，该模型增加了另外两种输入：软限制输入和硬限制输入。软限制输入指示了边界应经过的区域，硬限制输入指示了边界必须对齐的像素。图像分割的问题就可转化为最小化下面的函数：

$$E_{\mathrm{CRW}} = \sum_{e_{ij} \in E} w_{ij}(p_i - p_j)^2 + \lambda \sum_{v_i \in S_{\mathrm{S}}} (p_i - 0.5)^2 \tag{2.36}$$

$$\begin{cases} p_i = 1, & v_i \in S_{\mathrm{F}} \\ p_i = 0, & v_i \in S_{\mathrm{B}} \\ p_i = 0.5, & v_i \in S_{\mathrm{H}} \end{cases} \tag{2.37}$$

式中，S_{F}、S_{B}、S_{S} 和 S_{H} 分别表示前景标记结点、背景标记结点、软边界标记结点和硬边界标记结点；λ 是控制边界上标记结点作用强度的系数；p_i 表示结点 v_i 首次到达前景标记结点的概率。

通过区分与每个未标记像素相关的能量函数并将其设置为零，可使具有软硬约束的随机漫步问题成为求解线性方程组的问题。

5. 重启随机漫步模型

在标准随机漫步模型中计算的首次到达的概率总是有一些限制：它仅仅考虑了像素与其边界之间的局部关系。因此，标准随机漫步模型有两个难解决的问题：弱边界问题和纹理问题 [25]。重启随机漫步 (random walk with restart，RWR) 模型考虑了任意像素之间的关系，因此它可以反映出纹理的特征和图像的全局结构。同时，它可以很好地测量加权图中两个结点的相似度，因此对数据的聚类有比较好的效果。

RWR 模型与 Grady 提出的标准随机漫步 (RW) 模型有一些区别。RW 模型是计算随机漫步者从一个像素点出发首次到达标记结点的概率，而 RWR 模型则计算随机漫步者从标记结点出发到停留在像素结点的平均概率。

将数据聚类问题看作是标记问题，需要得到后验概率 $p(l_k \mid x_i)$，其表达式如式 (2.38) 所示。然后，通过得到的概率，可直接将像素 x_i 分配给具有最大概率的标签。

$$p(l_k \mid x_i) = \frac{p(x_i \mid l_k)p(l_k)}{\sum\limits_{n=1}^{K} p(x_i \mid l_n)p(l_n)} \tag{2.38}$$

令集合 $X^{l_k} = \{x_1^{l_k}, \cdots, x_m^{l_k}, \cdots, x_{M_k}^{l_k}\}$，其中，$x_m^{l_k}$ 表示标签 l_k 的第 m 个标记结点。概率 $p(x_i \mid l_k)$ 可通过下式得到：

$$p(x_i \mid l_k) = \frac{1}{ZM_k} \sum_{m=1}^{M_k} p(x_i \mid x_m^{l_k}, l_k) \tag{2.39}$$

式中，Z 为标准化常量。

假设随机漫步者从图中的一个标记结点 $x_m^{l_k}$ 开始出发，然后沿结点之间的边随机漫步。在每一步中，随机漫步者根据与下一个移动的相邻结点之间的权值所决定的概率来选择下一个目的地。或者，选择重启概率 c 来回到标记结点 $x_m^{l_k}$。经过有限次的随机漫步过程，就可得到一个稳态概率 $r_{im}^{l_k}$，随机漫步者会停留在像素点 x_i。在这个模型中，稳态概率 $r_{im}^{l_k} \approx p(x_i \mid x_m^{l_k}, l_k)$，$r_m^{l_k} = |r_{im}^{l_k}|_{N \times 1}$ 是一个 N 维向量。$r_m^{l_k}$ 可通过式 (2.40) 得到。

$$r_m^{l_k} = (1-c)Pr_m^{l_k} + cb_m^{l_k} = c[I-(1-c)P]^{-1}b_m^{l_k} = Qb_m^{l_k} \tag{2.40}$$

式中，$b_m^{l_k}$ 是大小为 $N \times 1$ 的向量，如果 $x_i = x_m^{l_k}$，那么 $b_i = 1$，反之则 $b_i = 0$；c 是式 (2.40) 经过选择回到出发点的概率；P 是转移矩阵，由式 (2.41) 给出；I 是单位矩阵；Q 是大小为 $N \times N$ 的矩阵，用来计算两个像素点之间的相似度，其表达式为 $Q = [q_{ij}]_{N \times N}$，其中，$q_{ij}$ 表示像素点 x_i 与 x_j 有相同的标签被分配到同一区域的概率，其数学表达式为式 (2.43)。

$$P = D^{-1} \times W \tag{2.41}$$

式中，$D = \mathrm{diag}(d_1, \cdots, d_N)$，$d_i = \sum\limits_{j=1}^{N} w_{ij}$。$W$ 是权值矩阵。W 中第 i 行 j 列元素 w_{ij} 定义如前文标准随机漫步所述。将稳态概率 $r_m^{l_k}$ 代入式 (2.39) 中，那么概率 $p(x_i \mid l_k)(i=1, \cdots, N)$ 可以通过下式得到：

$$[p(x_i \mid l_k)]_{N \times 1} = \frac{1}{Z \times M_k} Q\tilde{b}^{l_k} \tag{2.42}$$

$\tilde{b}^{l_k} = [\tilde{q}]_{N \times 1}$，是 N 维向量。

$$Q = c[I-(1-c)P]^{-1} = c\sum_{t=0}^{\infty}(1-c)^t P^t \tag{2.43}$$

式中，I 表示单位矩阵；P^t 表示 t 阶转移矩阵，其元素 P_{ij}^t 代表在考虑两个像素点之间所有路径的情况下，随机漫步者从像素点 x_j 出发，经历 t 次迭代后，恰恰在像素点 x_i 的概率。最终 Q 可以通过矩阵求逆的方法得到。

每个像素点 x_i 被分到哪个标签由下式决定：

$$R_i = \arg \max_{l_k} p(l_k \mid i) = \arg \max_{l_k} p(x_i \mid l_k) \tag{2.44}$$

根据以上公式，给每个像素 i 分配标签 R_i，每个未标记结点都可以分配到一个标签。

2.2　基于随机漫步模型的图像分割

2.2.1　算法描述

由于前面已对标准随机漫步算法进行了详细论述，这里重点对标准随机漫步算法做了一些改进：① 加入像素颜色信息代替只考虑像素间位置和颜色梯度信息的原始模型；② 预定义的标记结点在指示标记像素点是前景像素点还是背景像素点发挥了极大的作用；③ 原始算法给像素点分配标签时只分给概率最大的标签，即使像素点有其他更好的标签选择。我们提出的基于改进随机漫步模型的叶片分割算法实现起来简单，而且适用于具有各种复杂背景的植物叶片分割。

在标准的随机漫步模型中，随机漫步者从图像的一边走到另一边，只能逐个像素地进行。然而在该模型中，随机漫步者可以先到达先验像素，然后通过先验像素点，可以去任何图像像素。这个过程加强了像素颜色相似度的连接。

此外，为了使算法适应多种复杂背景，我们将传统随机漫步算法的结果集成到所提出的方法中，并取得了满意的效果。另外，利用自适应阈值法得到概率图的阈值，大大提高了标准随机漫步算法的性能。图 2-7 为具有复杂背景的叶子图像的整体算法流程图。

1. RGB 归一化到 Luv

针对不同的目的人们提出来各种不同的颜色模型，这些模型通常有不同的辨别力。RGB 色彩空间的主要目的是在电子系统中显示和存储图像。用于分割 RGB 色彩空间的一个问题是其缺乏感知平衡。1976 年，CIE 提出了 CIE Luv 色彩空间来解决这个问题。

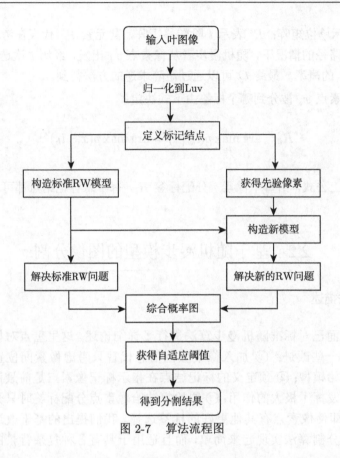

图 2-7   算法流程图

Luv 是感知上均匀的色彩空间，也就是说如果像素点 c_1 和像素点 c_2 之间的距离与像素点 c_3 和像素点 c_4 之间的距离一样大，则像素点 c_1 和像素点 c_2 之间的感知差异与像素点 c_3 和像素点 c_4 之间感知的差异大致相同。一般来说，与 RGB 相比，Luv 在图像分割方面有更好的表现。下面将通过实验结果展示其良好的表现。L 分量与人类对亮度的感知紧密匹配，另两个分量描述了色度。该方法所使用的归一化的 Luv 值，可以通过下式得到：

$$C_{\text{nor}} = \frac{C - \min(C)}{\max(C) - \min(C)} \tag{2.45}$$

式中，C 是 Luv 色彩空间的一个维度，$\min(C)$ 和 $\max(C)$ 分别代表其最小值和最大值；C_{nor} 是归一化的值。

图 2-8 是使用 Luv 和 RGB 色彩空间的标准随机漫步模型的分割结果。图 2-8 中的 A 显示了种子点的位置和数量，B 和 C 与 D 和 E 分别是 RW+Luv 与 RW 的输出结果，B 和 D 与 C 和 E 分别对应其相应的概率图与最终的分割结

果。通过比较图 2-8B 与图 2-8D、图 2-8C 与图 2-8E，可以看出，使用 Luv 色彩空间的标准的随机漫步算法可以得到较好的效果，但是使用 RGB 色彩空间的算法却很难得到满意的结果，因此我们采用了 Luv 色彩空间。

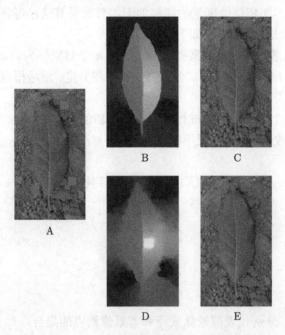

图 2-8　使用 RW+Luv 和 RW 的分割结果 (彩图请扫封底二维码)

2. 先验随机漫步改进模型

在 Leo Grady[20] 的启发下，我们提出了一种包含了先验知识的新的随机漫步模型。对于一个叶片图像，新图的构造见如下介绍。首先，如标准随机漫步算法一样构造全连通的无向加权图 $G(V, E, W)$。其中，$V = \{v_1, v_2, \cdots, v_n\}$ 是图像像素点的集合，代表叶片图像的 n 个像素。E 是边的集合，每个边连接相邻的两个像素点。W 是图的权重矩阵，形式如下

$$W = \begin{bmatrix} 0 & w_{12} & \cdots & w_{1n} \\ w_{21} & 0 & \cdots & w_{2n} \\ \vdots & \vdots & & \vdots \\ w_{n1} & w_{n2} & \cdots & 0 \end{bmatrix} \tag{2.46}$$

这里使用典型的高斯加权函数来计算边之间的权重 w_{ij}：

$$w_{ij} = \begin{cases} \exp\left(-\gamma \|p_i - p_j\|^2\right), & \{v_i, v_j\} \in N \\ 0, & \text{其他情况} \end{cases} \tag{2.47}$$

式中，$\{v_i, v_j\} \in N$ 表示 v_i 和 v_j 是相邻的像素结点；p_i 和 p_j 分别表示像素结点 v_i 和 v_j 的灰度值；γ 是一个自由参数。

然后，使用 k-means 算法来查找预定义的标记像素的几个质心。k-means 算法是一种基于样本间相似性度量的间接的无监督聚类算法，可将输入数据点分为多个类 [26]。该算法的步骤一般如下：

1) 首先从数据对象中确定聚类数 k，任选 k 个对象作为初始的聚类中心；

2) 分别计算剩下的元素与 k 个聚类中心的相异度，然后根据相异度将这些元素划分到相应的类中；

3) 重新对每个有变化的类进行计算，得到新的聚类中心；

4) 直到函数收敛，聚类结果不再发生变化，算法终止；否则，重复步骤 2)～ 步骤 4)。

这里使用 k-means 算法进行下面的计算直到收敛。

$$V = \sum_{i=1}^{k} \sum_{I_j \in C_F} (I_j - f_i)^2 \tag{2.48}$$

$$U = \sum_{i=1}^{k} \sum_{I_j \in C_B} (I_j - b_i)^2 \tag{2.49}$$

式中，C_F 和 C_B 分别代表前景像素点和背景像素点的集合；I_j 是像素点；f_i 和 b_i 分别是前景标记像素和背景标记像素的质心，f_i 和 b_i 在新的随机漫步模型中被用作先验像素，并分别分配给前景标签和背景标签。

最后，连接每个叶片图像的像素点与先验像素点。

新模型的结构如图 2-9 所示。为使结构清晰、易于理解，该图展示出了 4×4 图像的情况，模型中省略了图像像素与先验像素之间连接的一些边。

假设通过 k-means 算法从预定的标记像素中获得了 m 个背景先验像素和前景先验像素，则具有先验像素的新图的权值矩阵可写为如下形式：

$$W^* = \begin{bmatrix} & & w_{1f_1} & w_{1f_2} & w_{1b_1} & w_{1b_2} \\ & W & \vdots & \vdots & \vdots & \vdots \\ & & w_{nf_1} & w_{nf_2} & w_{nb_1} & w_{nb_2} \\ w_{f_11} & \cdots & w_{f_1n} & 0 & 0 & 0 & 0 \\ w_{f_21} & \cdots & w_{f_2n} & 0 & 0 & 0 & 0 \\ w_{b_11} & \cdots & w_{b_1n} & 0 & 0 & 0 & 0 \\ w_{b_21} & \cdots & w_{b_2n} & 0 & 0 & 0 & 0 \end{bmatrix} \tag{2.50}$$

式中，$w_{f_{ij}}$、w_{jf_i}、$w_{b_{ij}}$ 和 w_{jb_i} 表示像素点 I_j 与前景像素点 f_i 和背景像素点 b_i 之间边的权值。其中，$m = 2$，此外，在本章所有实验中 m 的取值均为 2。

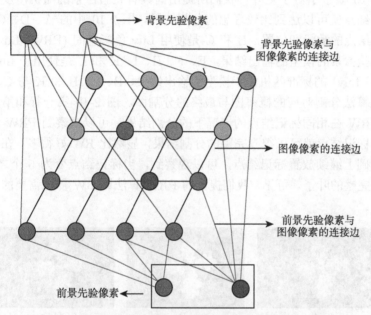

背景先验像素

背景先验像素与图像像素的连接边

图像像素的连接边

前景先验像素与图像像素的连接边

前景先验像素

图 2-9　k-means 算法提出的新模型 (彩图请扫封底二维码)

基于以上权重信息，建立新的拉普拉斯矩阵，计算漫步者从每个未标记像素开始到达新图模型上的每个标记像素的概率。最后通过求解下式得到 Dirichlet 问题的解，得到未标记像素与标记像素之间的关系：

$$L_U^* x_U^* = -B^{T^*} x_L^* \tag{2.51}$$

与标准随机漫步算法相比，待求解的新模型的最终方程式与之几乎相同。求解后，可以得到 x_U^*，它是一个大小为 $n \times 2$ 的矩阵，表示 n 个未标记像素与背景像素和前景标签的相似度。基于相似度矩阵，可以为每个未标记的像素分配前景或背景标签。

3. 综合概率图的二值化

我们所提的随机漫步模型适用于具有均匀背景的叶照片叶图像。另外，复叶由于其复杂的分割边界，其中一些还有多个凹陷和孔洞，对于传统方法来说分割尤为困难 [27]，然而，新的随机漫步模型在处理这种情况具有很大的优势，且其结果是准确的。

在下面的描述和附图中，RW 和 PRW 分别表示标准随机漫步模型和我们所提出的具有先验像素的模型。

图 2-10 显示了对于复叶，我们所提出的具有先验像素的随机漫步模型需要较少标记结点就可以达到比较理想的分割结果。图 2-10 中的 A、D、G 和 J 显示了标记结点的数量和位置，B 和 C 是使用 Luv 色彩空间 (PRW+Luv) 所提出的具有先验像素的模型的输出结果，E、F、H、I、K 和 L 是使用了 Luv 色彩空间 (RW + Luv) 的标准随机漫步模型的输出结果，B、E、H 和 K 与 C、F、I 和 L 分别是算法分割对应的概率图与最终的分割图。图 2-10 第一行和第二行显示 PRW 和 RW 在相同标记结点的情况下的分割结果，可以观察到 PRW 方法仅仅需要两个标记结点就可以得到完整的分割结果，显然比 RW 好得多。在原来标记结点的基础上继续放置标记结点，可以观察到，当标记结点变为 5 个之后，RW 最终得到完整的叶子。可见，我们提出的 PRW 算法比 RW 算法需要的标记结点数量要少。

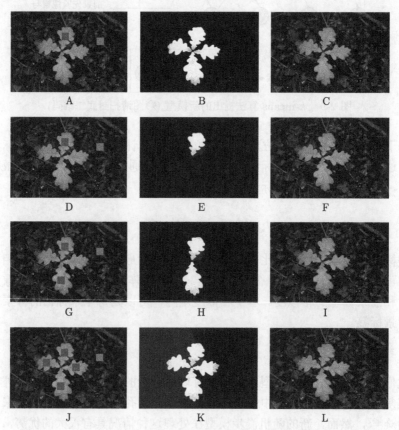

图 2-10   RW 和 PRW 对复叶图像的分割结果 (彩图请扫封底二维码)

图 2-11 是对含有孔洞的叶图像使用 Luv 颜色空间的标准随机漫步模型和我们改进的随机漫步模型的对比结果。图 2-11 中的 A 是标注的标记结点的数量和位置，B 和 C 是我们所提出的具有先验像素的随机漫步模型 (PRW+Luv) 的输出结果，D 和 E 表示标准随机漫步模型 (RW+Luv) 的输出结果，其中 B 和 D 与 C 和 E 分别是算法分割对应的概率图和最终分割结果图。

图 2-11　RW 和 PRW 对含有孔洞的叶图像的分割结果 (彩图请扫封底二维码)

改进模型可以在颜色类似的像素之间进行跳跃。从实验结果可以看出，尽管白色背景和叶子很不相同，但从周围白色部分开始的随机漫步者几乎不能到达中心白色部分。在标准的随机漫步模型中，随机漫步者能通过障碍部分的可能性很小。而在改进模型中，随机漫步者可以通过先验像素的快捷方式轻松解决问题。其本质原因是，改进模型中的先验像素起着中心枢纽的作用，即将具有相似强度的像素通过先验像素紧密连接在一起。而实验结果也进一步证实了这一点：标准随机漫步模型在叶片图像上出现孔洞时很难将其分割出来，而我们的改进模型能够处理这些问题。

接下来对含有孔洞的复叶图像进行分割，以显示此算法的可行性。图 2-12 显示对于含有孔洞的复叶图像，我们所提出的具有先验像素的随机漫步模型仅仅需要两个标记结点就可以达到比较理想的分割结果。图 2-12 中的 A、D、G 和 J 显示了标记结点的数量和位置，B 和 C 是使用 Luv 色彩空间 (PRW+Luv) 所提出的具有先验像素的模型的输出结果，E、F、H、I、K 和 L 是使用了 Luv 颜色空间 (RW+Luv) 的标准随机漫步模型的输出结果，B、E、H 和 K 与 C、F、I 和 L 分别是算法分割对应的概率图和最终的分割图。图 2-12 的第一行图和第二行图显示 PRW 和 RW 在相同标记结点情况下的分割结果，PRW 可以将叶子跟孔洞完全分割出来，而 RW 的结果却不能令人满意。即使继续放置标记结点，RW 还是不能将叶片中的孔洞部分分割出来。可见，PRW 需要的标记结点数量不但少，而且可以达到更好的分割效果。

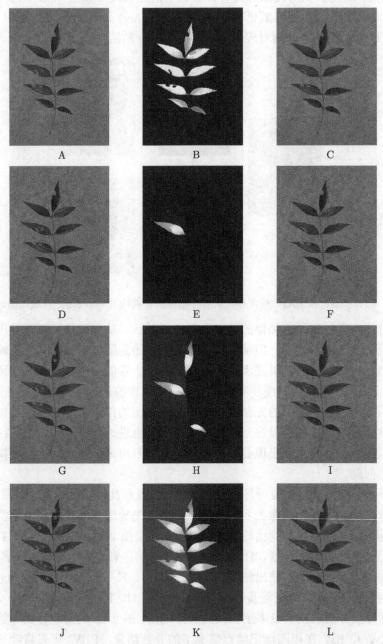

图 2-12　RW 和 PRW 对含有孔洞的复叶图像的分割结果 (彩图请扫封底二维码)

　　然而，当提出的模型被用来从与叶片颜色相近的背景中提取叶片图像时，则往往会导致过分割的问题。因此，需要将所提出的模型进行扩展，以便改善其性能。扩展包括对标准随机漫步模型和先验随机漫步模型的结果进行结合，并使用自适应阈值法来找出综合概率图的最佳阈值。

　　假设 x_U^1 代表通过标准随机漫步模型得到未标记像素点的前景标签之间的近似性，x_U^{1*} 代表通过我们提出的模型得到未标记像素点的前景标签之间的近似性。那么，最后综合概率图 x_I 可以通过下式得到：

$$x_I^{\,} = x_U^{1*} \times x_U^1 \tag{2.52}$$

这种方式可以抑制过分割的现象。

　　叶片图像分割问题可以看作是分配给图像像素目标区域和背景区域的标签问题。标准随机漫步通过选择最大的相似度/概率来将标签分配给像素。标准随机漫步算法在综合概率图二值化时具有固定的阈值 0.5，从传统算法中得到的二值化结果是

$$R_I = \begin{cases} 0, & x_I(i) \leqslant 0.5 \\ 1, & x_I(i) > 0.5 \end{cases} \tag{2.53}$$

式中，R_I 是传统的二值分割结果；$x_I(i)$ 是综合概率图 x_I 的第 i 个元素。

　　然而，当将综合概率图假设为灰度图像时，叶片分割问题则变成寻找最佳阈值的问题。所以在这一步中，使用自适应阈值法是比较合理的。

　　在所提出的方法中，使用自适应阈值法 OTSU 法来扩展标准随机漫步模型的最终结果。OTSU 法是一种全局阈值法，又叫大津阈值法，它遍历所有可能的阈值，并选择阈值来最小化背景像素和前景像素的组内方差 σ_ω[28]。σ_ω 表示如下

$$\sigma_\omega^2 = \omega_0 \sigma_0^2 + \omega_1 \sigma_1^2 \tag{2.54}$$

其中，背景发生概率 (ω_0) 和前景发生概率 (ω_1) 为

$$\omega_0 = \sum_{i=1}^{k} p_i \tag{2.55}$$

$$\omega_1 = \sum_{i=k-1}^{L} p_i \tag{2.56}$$

前景平均灰度值 (μ_0) 和背景平均灰度值 (μ_1) 分别为

$$\mu_0 = \sum_{i=1}^{k} i p_i / \omega_0 \qquad (2.57)$$

$$\mu_1 = \sum_{i=k-1}^{L} i p_i / \omega_1 \qquad (2.58)$$

每个类即前景内部方差 (σ_0^2) 和背景内部方差 (σ_1^2) 为

$$\sigma_0^2 = \sum_{i=1}^{k} (i - \mu_0)^2 p_i / \omega_0 \qquad (2.59)$$

$$\sigma_1^2 = \sum_{i=k+1}^{k} (i - \mu_1)^2 p_i / \omega_1 \qquad (2.60)$$

因此, 用 OTSU 法得到的最终二值化结果是

$$R_I = \begin{cases} 0, & x_I(i) \leqslant T(x_I) \\ 1, & x_I(i) > T(x_I) \end{cases} \qquad (2.61)$$

式中, $T(x_I)$ 是综合概率图 x_I 的阈值。使用综合概率图和 OTSU 法获得的二值图像的精准度得到明显的改善。

PRW+RW 表示带有先验像素的模型与标准随机漫步模型相结合的方法。用黑色长方形标记分割不理想的边界, 在图 2-13 中, A 是标记的标记结点, B、E 分别是通过 PRW 和 PRW+RW 得到的概率图, C 和 F 与 D 和 G 分别是固定阈值为 0.5 与通过 OTSU 法获得自动阈值的分割结果。观察图 2-13 的 D 和 G, D 是通过 PRW 得到, 由于背景中含有与目标区域类似的颜色信息, 因此最终导致了过分割, 如图中黑色长方形所示; 而结合了标准随机漫步模型的 G 则消除了过分割现象, 得到了理想的分割结果。

从图 2-13B~D 可以看出, 通过固定阈值获得的分割结果与通过 OTSU 法获得自动阈值的分割结果几乎一致, 然而图 2-13 中的 F 和 G 则显示了两种获取阈值方式的不同分割结果, 可以看出, 图 2-13G 基本能获得令人满意的分割结果, 而图 2-13F 的分割结果却不能令人满意。通过实验不难发现, 固定阈值的方法局限性比较大, 仅仅当背景与前景相差比较大时, 其分割结果才会比较理想, 而当概率图中目标区域与背景区域差别不大时, 其分割结果并不理想, 相比之下, OTSU 法的适用性则比较强。考虑到固定阈值的不稳定性, 故此算法选择 OTSU 法对概率图进行分割。

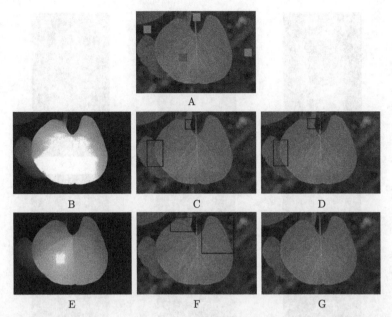

图 2-13　PRW+RW 和 PRW 对叶片图像的分割结果 (彩图请扫封底二维码)

2.2.2　图像分割实验结果

该叶片分割算法在叶片数据库 ImageCLEF 2013(https://www.imageclef.org/ 2013/) 上进行了测试，并取得了令人满意的结果。下面的实验结果显示了一些具有复杂背景的最典型的叶片图像。将本节算法与其他 3 种算法进行比较，来测试算法的性能，实验的结果如图 2-14~图 2-18所示。

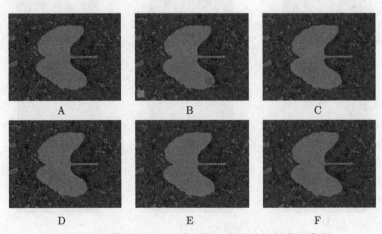

图 2-14　简单背景叶片分割结果 (彩图请扫封底二维码)

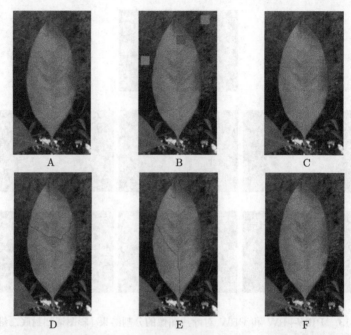

图 2-15　复杂背景叶片 1 分割结果 (彩图请扫封底二维码)

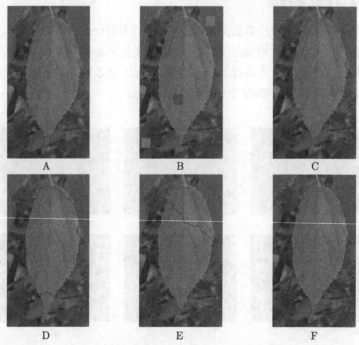

图 2-16　复杂背景叶片 2 分割结果 (彩图请扫封底二维码)

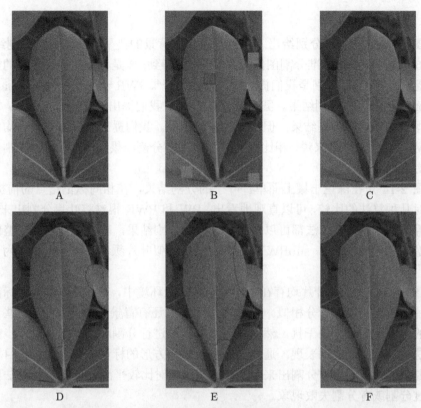

图 2-17　复杂背景叶片 3 分割结果 (彩图请扫封底二维码)

图 2-18　复杂背景叶片 4 分割结果 (彩图请扫封底二维码)

1. 实验结果对比

图 2-14~图 2-18 分别给出了几种具有复杂背景的典型叶片图像的分割结果，在这 5 个图中，A 是标准分割图像，由手动标记得到；B 是标注的标记结点的数量和位置；C、D、E、F 分别是我们提出的算法、RW[14]、RWR[25]、subRW(sub-markov random walk)[29] 的分割结果。虽然在图 2-14 中，我们提出的算法与 subRW 算法都能得到比较好的分割结果，但是在其他图像中，我们提出的算法的表现均优于subRW 算法。从总体来说，相比其他 3 种算法的分割结果，我们提出的分割方法都有更好的表现。

图 2-14 是在深色土壤上面单片叶子的分割结果，在相同标记结点的前提下，通过对几种算法的比较，可以直观地看出，RW 和 RWR 很难将叶片分割出来，而本书算法和 subRW 算法都可以得到比较好的分割结果，基本能分割出完整的叶片图像，然而仔细观察，subRW 算法将背景上近似叶片颜色的石头也分割为目标区域。

图 2-15~图 2-18 叶片均存在于更复杂的背景环境中，其背景颜色与目标区域的叶片颜色相同或者十分相似。图 2-15~图 2-18 还有背景叶片的重叠，这些都给叶片的分割造成很大的干扰。然而在对这些叶片进行分割时，基于随机漫步的本书算法均有令人满意的表现，通过给定的几个正方形的标记结点，均可将目标叶片从复杂的背景环境中分割出来，且分割边缘相对比较平滑，其他 3 种算法则出现了过分割或者分割失败现象。

2. 性能分析

通过以上主观评价分析，本书算法在几种分割算法中都有更好的表现，但是在有些图中，该算法与其他算法有相似的视觉表现，而由于主观评价很容易受心理因素的影响，因此很难分清其差异性。为了进一步对该方法进行更客观、真实的评估，引入两个客观评价指标：DICE 系数 [30](Dice coefficient) 和 ER[31](error rate)，来对每个方法的分割结果进行分析。

DICE 系数是验证图像分割准确度最常用的一种相似度测量，也叫重叠指数，它主要测量两段信息之间的相似性，即算法分割图像与手动分割标准图像之间的相似性，其取值范围为从 0 到 1，分别对应从完全不相似到完全重合。DICE 系数越接近于 1，则代表算法的分割精度越高。DICE 系数表达式为

$$\text{DICE} = \frac{2|S_g \bigcap S_t|}{|S_g| + |S_t|} \tag{2.62}$$

式中，S_g 和 S_t 分别表示本书算法的分割结果和手动标记分割结果的前景像素集合。

ER 表示错误标记像素占标准分割结果的百分比，ER 的值越低，就表示分割的结果越好。定义集合 $G_s = [g_s^1, g_s^2, \cdots, g_s^K]^T$ 和集合 $G_t = [g_t^1, g_t^2, \cdots, g_t^K]^T$ 分

别表示本书算法的分割结果像素点和标准分割结果像素点的集合。其中的元素如果属于前景标记点，则为 1，如果属于背景标记点，则为 0。ER 的表达式为

$$ER = \left(\frac{1}{K} \sum_{i=1}^{k} g_{s}^{i} \bigoplus g_{t}^{i} \right) \times 100 \tag{2.63}$$

式中，$\bigoplus$ 表示异或运算。

另外，本实验也测量了每个方法所消耗的时间。评价结果见表 2-1～表 2-3。

表 2-1　分割结果的 DICE 系数

图像	DICE 系数			
	RW	RWR	subRW	本书算法
图 2-14	0.4506	0.4425	0.9951	0.9956
图 2-15	0.5626	0.6124	0.9110	0.9914
图 2-16	0.9664	0.6487	0.9292	0.9904
图 2-17	0.8594	0.7650	0.6347	0.9945
图 2-18	0.8722	0.8427	0.5327	0.9918

表 2-2　分割结果的 ER

图像	ER (%)			
	RW	RWR	subRW	本书算法
图 2-14	56.02	57.97	0.22	0.20
图 2-15	16.68	25.68	5.27	0.47
图 2-16	1.88	22.85	4.39	0.55
图 2-17	8.00	14.46	31.67	0.30
图 2-18	6.31	9.01	47.61	0.45

表 2-3　算法的运行时间

图像	运行时间 (s)			
	RW	RWR	subRW	本书算法
图 2-14	1.83	5.44	5.74	4.92
图 2-15	1.66	4.96	4.78	3.61
图 2-16	1.37	4.88	4.48	3.47
图 2-17	1.43	5.15	4.69	3.49
图 2-18	1.84	5.35	5.44	4.76

从客观的评价结果可以看出，与其他几种算法相比，本书算法在所有实验中均有最高的 DICE 系数和最低的错分率。相对时间而言，本书算法所消耗的时间

虽然比标准随机漫步所消耗的时间要多，但比其他两种算法的时间少。在主观和客观上的综合分析，本书算法不管是在主观视觉效果还是客观评价上都具有很好的优势。

参 考 文 献

[1] Pearson K. The problem of the random walk[J]. Nature, 1905, 72(1865): 294.

[2] Lawler G F, Limic V. Random walk: A modern introduction[M]. Cambridge: Cambridge University Press, 2010.

[3] László L, Lov L. Random walks on graphs: A survey[J]. Combinatorics, Paul Erdos is Eighty, 1996, 2(1): 353-398.

[4] Cui J W, Liu H Y, He J, et al. *TagClus*: A random walk-based method for tag clustering[J]. Knowledge and Information Systems, 2011, 27(2): 193-225.

[5] Yen L, Vanvyve D, Wouters F, et al. Clustering using a random walk-based distance measure[C]//ESANN 2005. 13th European Symposium on Artificial Neural Networks. Bruges: DBLP, 2005: 317-324.

[6] Chen M, Liu J Z, Tang X O. Clustering via random walk hitting time on directed graphs[C]//Proceedings of the Twenty-Third AAAI Conference on Artificial Intelligence (2008). Menlo Park: AAAI Press, 2008: 616-621.

[7] Qiu H, Hancock E R. Clustering and embedding using commute times[J]. IEEE Transactions on Pattern Analysis and Machine Intelligence, 2007, 29(11): 1873-1890.

[8] Jin D, Yang B, Baquero C, et al. A markov random walk under constraint for discovering overlapping communities in complex networks[J]. Journal of Statistical Mechanics: Theory and Experiment, 2011, 2011(5): P05031.

[9] Grady L, Schwartz E L. Anisotropic interpolation on graphs: the combinatorial dirichlet problem[M]. Boston University, Center for Adaptive Systems and Department of Cognitive and Neural Systems, CAS/CNS Technical Reports. 2003.

[10] Biggs N. Algebraic potential theory on graphs[J]. Bulletin of the London Mathematical Society, 1997, 29(6): 641-682.

[11] Zhu X J, Ghahramani Z B, Lafferty J. Semi-supervised learning using gaussian fields and harmonic functions[C]//ICML'03: Proceedings of the Twentieth International Conference on International Conference on Machine Learning. Menlo Park: AAAI Press, 2003: 912-919.

[12] Levin A, Lischinski D, Weiss Y. Colorization using optimization[J]. ACM Transactions on Graphics, 2004, 23(3): 689-694.

[13] Doyle P G, Snell J L. Random Walks and Electric Networks[M]. Washington: Mathematical Association of America, 1984.

[14] Grady L. Random walks for image segmentation[J]. IEEE Transactions on Pattern Analysis and Machine Intelligence, 2006, 28(11): 1768-1783.

[15]　Taylor M E. Brownian motion and potential theory[M]//Partial Differential Equations II: Qualitative Studies of Linear Equations. New York: Springer, 2011: 361-456.

[16]　von Luxburg U. A tutorial on spectral clustering[J]. Statistics and Computing, 2007, 17(4): 395-416.

[17]　Doyle P G, Snell J L. Random walks and electric networks[J]. The American Mathematical Monthly, 2000, 22(2): 595-599.

[18]　Hestenes M R, Stiefel E. Methods of conjugate gradients for solving linear systems[J]. Journal of Research of the National Bureau of Standards, 1952, 49(6): 409-435.

[19]　Grady L, Funka-Lea G. Multi-label image segmentation for medical applications based on graph-theoretic electrical potentials[C]//Computer Vision and Mathematical Methods in Medical and Biomedical Image Analysis. Berlin: Springer, 2004: 230-245.

[20]　Grady L. Multilabel random walker image segmentation using prior models[C]//2005 IEEE Computer Society Conference on Computer Vision and Pattern Recognition. San Diego: IEEE, 2005: 763-770.

[21]　Grady L. Random walks for image segmentation[J]. IEEE Transactions on Pattern Analysis and Machine Intelligence, 2006, 28(11): 1768-1783.

[22]　Shen R, Cheng I, Shi J B, et al. Generalized random walks for fusion of multi-exposure images[J]. IEEE Transactions on Image Processing, 2011, 20(12): 3634-3646.

[23]　Rzeszutek R, El-Maraghi T, Androutsos D. Image segmentation using scale-space random walks[C]//International Conference on Digital Signal Processing. Santorini: IEEE, 2009: 458-461.

[24]　Yang W X, Cai J F, Zheng J M, et al. User-friendly interactive image segmentation through unified combinatorial user inputs[J]. IEEE Transactions on Image Processing, 2010, 19(9): 2470-2479.

[25]　Kim T H, Lee K M, Lee S U. Generative image segmentation using random walks with restart[C]//European Conference on Computer Vision. Berlin: Springer, 2008: 264-275.

[26]　Seber G A F. Multivariate observations[M]. New York: Wiley, 1984: 85-87.

[27]　Soares J V B, Jacobs D W. Efficient segmentation of leaves in semi-controlled conditions[J]. Machine Vision and Applications, 2013, 24(8): 1623-1643.

[28]　Otsu N. A threshold selection method from gray-level histograms[J]. IEEE Transactions on Systems, Man, and Cybernetics, 1979, 9(1): 62-66.

[29]　Dong X P, Shen J B, Shao L, et al. Sub-markov random walk for image segmentation[J]. IEEE Transactions on Image Processing, 2016, 25(2): 516-527.

[30]　Taha A A, Hanbury A. Metrics for evaluating 3D medical image segmentation: analysis, selection, and tool[J]. BMC Medical Imaging, 2015, 15(1): 29.

[31]　Ham B, Min D B, Sohn K. A generalized random walk with restart and its application in depth up-sampling and interactive segmentation[J]. IEEE Transactions on Image Processing, 2013, 22(7): 2574-2588.

第 3 章　叶片特征提取与分类

特征是指在对象中区别于其他类对象的特点或特性，是经过处理后可以被提取的数据。通过对图像提取有用的数据或信息，可以得到图像的非图像表示或描述 (如数值、向量、符号等)，提取出来的非图像表示或者描述就是图像特征。如边缘、亮度、色彩和纹理等就是图像的特征，也是图像的形态特征。

对于植物叶片识别，主要从三个方面的特征进行研究：形状、纹理、颜色。形状特征主要是基于目标轮廓的矩形度等特征和基于目标区域的 Hu 不变矩等特征；纹理特征是一些统计特征，如均值、熵、平滑度等特征；颜色特征主要是通过 RGB、HIS 等颜色空间模型来得到。

本章主要介绍植物叶片图像的常规特征提取方法以及常见的特征分类器。

3.1　叶片特征提取

为了使大家能够更好地了解这些常用的识别特征，这一小节专门对常用的识别特征进行了介绍。表 3-1 给出了公式中出现的一些通用变量的定义。

表 3-1　公式中通用变量的定义

变量	定义
W	目标区域最小外接矩形的宽
L	目标区域最小外接矩形的长
P	目标区域周长
A	目标区域面积，表示目标区域内的像素数目
$(\overline{x}, \overline{y})$	目标区域的质心坐标
$P(i,j)$	灰度元素 i,j 出现的概率，$i, j = 0, 1, 2, \cdots, G-1$
G	灰度图像的灰度级数目
$P(z_i)$	灰度级的随机变量 z_i 对应的直方图，$i = 0, 1, 2, \cdots, G-1$
z_i	灰度级的随机变量
M	图像的长度
N	图像的宽度
μ	均值，图像颜色的平均值

3.1.1　形状特征

形状是描述图像的一个重要特征，形状特征的精确提取建立在良好的图像分割基础之上。从图像中分割出来的目标由边界及其包围区域组成。形状特征分为两类：基于边界的特征和基于边界所包含区域的特征。下面对 16 种常见形状特征进行介绍。

1. 宽长比

宽长比 (R_{Ar}) 也称作纵横比 (aspect ratio)，描述目标区域最小外接矩形宽与长之比，其数学描述如下

$$R_{Ar} = \frac{W}{L} \tag{3.1}$$

其中，最小外接矩形即能够包围目标区域且面积最小的矩形。

在文献 [1-28] 中，相关作者均使用宽长比特征对叶片的图像识别技术进行了探讨及研究。

2. 圆形度

圆形度 (C) 也称圆形性、紧凑性，文献 [1,2,29-43] 在进行植物叶片识别的相关研究时均采用了此特征。其计算公式为

$$C = \frac{P^2}{4\pi A} \tag{3.2}$$

其中，

$$A = \sum_{i,j} I(i,j) \tag{3.3}$$

$$P = N_e + \sqrt{2}N_o \tag{3.4}$$

式中，$I(i,j)$ 为图像中的像素；周长是将每个像素看作一个点，每个点的上、下、左、右的临近点距离为 1，斜线方向的距离为 $\sqrt{2}$，根据 8 方向链码计算偶数号链码数 (N_e) 和奇数号链码数 (N_o)。

3. 面积凹凸比

面积凹凸比 (area convexity) 也称凹凸度或者面积凹凸度，指目标区域的面积跟其凸包面积的比，其数学描述为

$$R_{Aconv} = \frac{A}{A_C} \tag{3.5}$$

式中，R_{Aconv} 为面积凹凸比；A_C 为包含目标区域的最小凸多边形的面积。文献 [1,3-16,31,35,38,43-45] 中均采用此特征就叶片识别方法进行了大量的基础研究。

4. 周长凹凸比

周长凹凸比 (perimeter convexity) 也称周长凹凸度，指目标区域的周长跟其凸包周长的比。文献 [1,3-16,31,35,38,43-45] 中均有用到此特征。其计算公式为

$$R_{\text{Pconv}} = \frac{P}{P_{\text{C}}} \tag{3.6}$$

式中，R_{Pconv} 为周长凹凸比；P_{C} 为包含目标区域的最小凸多边形的周长。

5. 矩形度

矩形度 (rectangularity) 是指目标区域的面积与其最小外接矩形面积的比。文献 [1,2,3-5,17,18,34,35,37,41,42,44,45] 中都使用了矩形度特征研究叶片图像的特征提取与识别技术。其计算公式为

$$R = \frac{A}{A_{\text{R}}} \tag{3.7}$$

式中，R 为矩形度；A_{R} 为目标区域最小外接矩形的面积。

6. 致密度

在文献 [4,8,11-14,17,18,37,42] 中，研究者通过提取叶片图像的致密度 (compactness) 作为特征，对叶片图像的分类和识别方法进行了相关研究。致密度 (R_{com}) 的计算公式为

$$R_{\text{com}} = \frac{P^2}{A} \tag{3.8}$$

7. Hu 不变矩

现在一般使用前 7 个 Hu 不变矩作为 Hu 不变矩特征。文献 [1,3,14,19-22,31,34-37,42] 中均使用了 Hu 不变矩作为叶片图像的特征，研究了叶片图像的特征提取与识别技术。其数学描述为以下公式：

$$\phi_1 = \eta_{20} + \eta_{02} \tag{3.9}$$

$$\phi_2 = (\eta_{20} - \eta_{02})^2 + 4\eta_{11}^2 \tag{3.10}$$

$$\phi_3 = (\eta_{30} - 3\eta_{12})^2 + (3\eta_{21} - \eta_{03})^2 \tag{3.11}$$

$$\phi_4 = (\eta_{30} + \eta_{12})^2 + (\eta_{21} + \eta_{03})^2 \tag{3.12}$$

$$\phi_5 = (\eta_{30} - 3\eta_{12})(\eta_{30} + \eta_{12})[(\eta_{30} + \eta_{12})^2 - 3(\eta_{21} + \eta_{03})^2]$$

$$+ (3\eta_{21} - \eta_{03})(\eta_{21} + \eta_{03})[3(\eta_{30} + \eta_{12})^2 - (\eta_{21} + \eta_{03})^2] \tag{3.13}$$

$$\phi_6 = (\eta_{20} - \eta_{02})[(\eta_{30} + \eta_{12})^2 - (\eta_{21} + \eta_{03})^2] + 4\eta_{11}(\eta_{30} + \eta_{12})(\eta_{21} + \eta_{03}) \tag{3.14}$$

$$\phi_7 = (3\eta_{21} - \eta_{03})(\eta_{30} + \eta_{12})[(\eta_{30} + \eta_{12})^2 - 3(\eta_{21} + \eta_{03})^2]$$
$$+ (3\eta_{21} - \eta_{30})(\eta_{21} + \eta_{03})[3(\eta_{30} + \eta_{12})^2 - (\eta_{21} + \eta_{03})^2] \tag{3.15}$$

$$\phi_8 = 2\{\eta_{11}[(\eta_{30} + \eta_{12})^2 - (\eta_{21} + \eta_{03})^2] - (\eta_{20} - \eta_{02})(\eta_{30} - \eta_{12})(\eta_{21} - \eta_{03})\} \tag{3.16}$$

$$\phi_9 = [(\eta_{30} - 3\eta_{12})(\eta_{30} + \eta_{12}) + (3\eta_{21} - \eta_{03})(\eta_{21} + \eta_{03})](\eta_{20} - \eta_{02})$$
$$+ 2\eta_{11}[(3\eta_{21} - \eta_{30})(\eta_{30} + \eta_{12}) - (\eta_{30} - 3\eta_{12})(\eta_{30} + \eta_{12})] \tag{3.17}$$

$$\phi_{10} = [(3\eta_{21} - \eta_{03})(\eta_{30} + \eta_{12}) - (\eta_{30} - 3\eta_{12})(\eta_{21} + \eta_{03})](\eta_{20} - \eta_{02})$$
$$- 2\eta_{11}[(\eta_{30} - 3\eta_{12})(\eta_{30} + \eta_{12}) + (3\eta_{21} - \eta_{03})(\eta_{30} + \eta_{12})] \tag{3.18}$$

$$\phi_{11} = (\eta_{04} + \eta_{40} - 6\eta_{22})^2 + 16(\eta_{31} - \eta_{13})^2 \tag{3.19}$$

$$\phi_{12} = (\eta_{04} + \eta_{40} - 6\eta_{22})[(\eta_{20} - \eta_{02})^2 - 4\eta_{11}^2] + 16\eta_{11}(\eta_{31} - \eta_{13})(\eta_{20} - \eta_{02}) \tag{3.20}$$

图像 $f(x, y)$ 的 $(p + q)$ 阶矩的一般表达式为

$$u_{pq} = \sum_x \sum_y (x - \overline{x})^p (y - \overline{y})^q f(x, y) \tag{3.21}$$

其中，$(\overline{x}, \overline{y})$ 为 $f(x, y)$ 的质心坐标，归一化中心矩为

$$\eta_{pq} = \frac{u_{pq}}{u_{00}^{\gamma}} \tag{3.22}$$

其中，γ 表示为

$$\gamma = \frac{(p + q)}{2} + 1 \quad (p + q = 2, 3, \cdots) \tag{3.23}$$

8. 球状性

球状性是指目标区域的内切圆半径与其外接圆半径的比值。文献 [1,3,4,12,13, 15,18,23,31,35,44,45] 都有使用球状性特征。其计算公式为

$$R_S = \frac{r}{R} \tag{3.24}$$

式中，R_S 表示球状性；r 表示目标区域内切圆半径；R 表示目标区域外接圆半径。

9. 偏心率

偏心率指质心到目标边界的最大距离与最小距离的比值。在对植物叶片图像分类进行研究时，文献 [2,4,5,31,33,38,41] 均采用偏心率特征进行了研究。其计算公式为

$$e_R = \frac{R_{max}}{R_{min}} \tag{3.25}$$

式中，e_R 为偏心率；R_{max}、R_{min} 分别为质心到目标边界的最大距离、最小距离。目标区域质心坐标为 $(\bar{x}, \bar{y})$，

$$\bar{x} = \frac{1}{N}\sum_{i=1}^{N} x_i \tag{3.26}$$

$$\bar{y} = \frac{1}{N}\sum_{i=1}^{N} y_i \tag{3.27}$$

式中，N 表示目标图像中像素的总个数；(x_i, y_i) 为区域内的点。

10. 长/周长

长/周长 (R_{LP}) 指目标区域的长与周长的比值。文献 [5,24,25,30,32] 采用此特征对植物叶片识别技术进行了研究。其计算公式为

$$R_{LP} = \frac{L}{P} \tag{3.28}$$

11. 狭窄度

文献 [2,5,18] 均采用狭窄系数作为形状特征。其计算公式为

$$R_{NF} = \frac{D}{L_P} \tag{3.29}$$

式中，R_{NF} 为狭窄度；D 为目标区域上面任意两点之间的最长距离；L_P 为长轴长度。

12. 生理长宽比

文献 [5,30,32] 在对植物叶片识别技术进行研究时使用了此特征。生理长宽比 (ratio of physiological length & width) 的计算公式为

$$R_{PR} = \frac{P}{L+W} \tag{3.30}$$

式中，R_{PR} 为生理长宽比。

13. Zernike 矩

2008 年，Wang 等 [26] 使用此特征对复杂背景下的植物叶片识别技术进行了研究。2012 年，Kadir 等 [7] 使用此特征研究了植物叶片分类方法。Zernike 矩 (Zernike moments，用 Z_{pq} 表示) 的计算公式为

$$Z_{pq} = \frac{p+1}{\pi} \sum_x \sum_y f(x,y) \cdot V_{pq}^*(x,y) \tag{3.31}$$

$V_{pq}^*(x,y)$ 是 $V_{pg}(x,y)$ 的共轭复数，计算公式为

$$V_{pq}(x,y) = U_{pq}(r\cos\theta, r\sin\theta) = R_{pq}(r)e^{jq\theta} \tag{3.32}$$

$$R_{pq}(r) = \sum_{s=0}^{(p-|q|)/2} (-1)^s \frac{(p-s)!}{s!\left(\dfrac{p-|q|}{2}-s\right)!\left(\dfrac{p+|q|}{2}-s\right)!} r^{p-2s} \tag{3.33}$$

其中，$p = 0, 1, 2, \cdots$；$0 \leqslant |q| \leqslant p$，$p-|q|$ 为偶数；r 为半径；θ 是 r 和 x 轴的角度。

$$V_{pq}(x,y) = V_{pq}(r,\theta) = R_{pq}(\rho)e^{jq\theta} \tag{3.34}$$

式中，p 为 0 或正整数，$p-|q|$ 为奇数，$|q| \leqslant p$。2013 年，Kulkarni 等 [8] 使用 RBPNN 对植物叶片识别系统进行研究时采用了特征伪 Zernike 矩，其计算公式为

$$Z_{pq} = \frac{(p+1)}{\pi} \int_0^{2\pi} \int_0^1 V_{pq} \cdot f(r,\theta) r \mathrm{d}r \mathrm{d}\theta \quad r \geqslant 1 \tag{3.35}$$

式中，

$$V_{pq} = S_{nm}(r)e^{jq\theta} \tag{3.36}$$

$$S_{nm}(r) = \sum_{s=0}^{n-|m|} \frac{r^{m-s}(-1)^s(2n+1-s)}{s!(n-|m|-s)!(n+|m|+1-s)!} \tag{3.37}$$

14. 通用傅里叶描述子

在使用植物叶片的颜色、纹理、形状等特征对植物识别方法进行研究时，文献 [12,13] 都采用了通用傅里叶描述子 (generic Fourier descriptors，GFD) 作为一项特征。通用傅里叶描述子的计算公式为

$$\mathrm{GFD_s} = \left\{ \frac{\mathrm{PF}(0,0)}{2\pi r^2}, \frac{\mathrm{PF}(0,1)}{\mathrm{PF}(0,0)}, \cdots, \frac{\mathrm{PF}(0,n)}{\mathrm{PF}(0,0)}, \cdots, \frac{\mathrm{PF}(m,0)}{\mathrm{PF}(0,0)}, \cdots, \frac{\mathrm{PF}(m,n)}{\mathrm{PF}(0,0)} \right\}$$

$$(3.38)$$

其中，PF 描述为

$$\mathrm{PF}(\rho,\theta) = \sum_r \sum_i f(r,\theta) \cdot e^{j2\pi(\frac{r}{R}\rho + \frac{2\pi}{T}\theta)} \tag{3.39}$$

$0 < r < R,\ \theta_i = i(2\pi/T)\ (0 < i < T),\ 0 < r < R,\ 0 < \theta < T,\ R$、$T$ 分别为径向频率与角频率分辨率，

$$r = \sqrt{(x - \bar{x})^2 + (y - \bar{y})^2} \tag{3.40}$$

$$\theta = \arctan \frac{y - \bar{y}}{x - \bar{x}} \tag{3.41}$$

式中，$(\bar{x}, \bar{y})$ 为目标区域的质心；m 和 n 分别为图像的行数和列数。

15. 椭圆离心率

与目标区域有相同标准二阶中心矩椭圆的离心率即为椭圆离心率。文献 [6,41] 在研究叶片识别方法时采用了此特征。其计算公式为

$$e = \frac{c}{a} \tag{3.42}$$

式中，e 为椭圆离心率；c、a 分别为椭圆的半焦距、半长轴。

16. 中心距序列

中心距序列 (center distance sequence，CDS)，在文献 [27] 中对其进行了研究。其数学表达式如下

$$\mathrm{CDS} = \{D(x_i, y_i) | 0 < i < P - 1\} \tag{3.43}$$

其中，$D(x_i, y_i)$ 描述为

$$D(x_i, y_i) = \sqrt{(x - \bar{x})^2 + (y - \bar{y})^2} \tag{3.44}$$

17. 叶脉特征

文献 [13,28,32] 中都使用了此特征对植物叶片进行识别。叶脉特征 (leaf vein feature) 计算公式为

$$V_1 = \frac{A_1}{A} \tag{3.45}$$

$$V_1 = \frac{A_2}{A} \tag{3.46}$$

$$V_1 = \frac{A_3}{A} \tag{3.47}$$

$$V_1 = \frac{A_4}{A} \tag{3.48}$$

叶脉是经过对灰度图像分别使用半径为 1、2、3、4 的扁平的圆形结构元进行形态学开运算的操作之后获得的，A_1、A_2、A_3 和 A_4 表示叶脉的全部像素数目。

18. 椭圆长短轴比

文献 [2,33,41] 使用椭圆长短轴比对植物识别技术进行了研究。其中，椭圆长短轴比 (R_E) 的计算公式为

$$R_E = \frac{a}{b} \tag{3.49}$$

式中，a 为椭圆长半轴，b 为椭圆短半轴，计算公式分别为

$$a = \left(\frac{4}{\pi}\right)^{\frac{1}{4}} \left(\frac{I_{\max}{}^3}{I_{\min}}\right)^{\frac{1}{8}} \tag{3.50}$$

$$b = \left(\frac{4}{\pi}\right)^{\frac{1}{4}} \left(\frac{I_{\min}{}^3}{I_{\max}}\right)^{\frac{1}{8}} \tag{3.51}$$

$I_{\min}$、$I_{\max}$ 分别为

$$I_{\min} = \sum_{i=1}^{N} [(y_i - \bar{y})\cos\theta - (x_i - \bar{x})\sin\theta]^2 \tag{3.52}$$

$$I_{\max} = \sum_{i=1}^{N} [(y_i - \bar{y})\sin\theta + (x_i - \bar{x})\cos\theta]^2 \tag{3.53}$$

式中，(x_i, y_i) 为目标图像的像素坐标值；$(\bar{x}, \bar{y})$ 为质心坐标。

19. 周长面积比

周长面积比是指目标区域周长与其面积的比值。在文献 [15,25] 中使用周长面积比作为特征，对植物叶片图像识别方法进行了研究。其计算公式为

$$R_{PA} = \frac{P}{A} \tag{3.54}$$

式中，R_{PA} 为周长面积比。

20. 平滑系数

文献 [5,32] 使用此特征研究了基于植物图片的叶片分类方法。平滑系数 (R_{SF}) 的计算公式为

$$R_{SF} = \frac{A_{5\times5}}{A_{2\times2}} \tag{3.55}$$

式中，$A_{5\times5}$ 表示通过 5×5 矩形均值滤波后的面积；$A_{2\times2}$ 表示通过 2×2 矩形均值滤波后的面积。

21. 方向角

方向角 (θ) 主要描述惯量最小矩的轴的角度。侯铜等在文献 [2] 和阚江明等在文献 [33] 中使用了此特征。其计算公式为

$$\theta = \frac{1}{2\arctan[2u_{1,1}/(u_{2,0} - u_{0,2})]} \tag{3.56}$$

中心距 $u_{p,q}$ 为

$$u_{p,q} = \sum_{i=1}^{N} (x_i - \bar{x})^p (y_i - \bar{y})^q \tag{3.57}$$

式中，$(\bar{x}, \bar{y})$ 为质心坐标；N 表示目标图像中像素的总个数；x_i 表示目标各像素的横坐标；y_i 表示目标各像素的纵坐标。

22. 周径比

周径比 (R_P) 是指目标区域周长与目标区域最小外接矩形的长的比值。2013年，张宁和刘文萍在文献 [23] 中采用此特征对基于克隆选择算法的叶片识别方法进行了研究。其计算公式为

$$R_P = \frac{P}{L} \tag{3.58}$$

23. 叶状性

叶状性 (R_s) 主要描述目标边界的幅度特征，是指区域中心到边界的最短距离与目标区域最小外接矩形的宽 (短轴) 的比值。文献 [23] 中使用此特征对植物叶片识别方法进行了研究。其计算公式为

$$R_s = \frac{D_{\min}}{W} \tag{3.59}$$

式中，$D_{\min}$ 为区域中心到边界的最短距离；W 为目标区域最小外接矩形的宽 (短轴)。

24. 宽/周长

宽/周长 (R_{WP}) 指目标区域最小外接矩形的宽与周长的比值。2010 年，蔡清和何东健在文献 [25] 中使用此特征对蔬菜害虫识别技术进行了研究。其计算公式为

$$R_{\text{WP}} = \frac{W}{P} \tag{3.60}$$

25. 弯曲能量

弯曲能量 $[E(n)]$ 主要描述目标边界的弯曲程度。2009 年，在文献 [2] 中，侯铜等采用此特征就基于叶片外形特征的植物识别方法进行了研究。其计算公式为

$$E(n) = \frac{1}{P} \sum_{i=0}^{n-1} |K_i| \tag{3.61}$$

$$K_i = \varphi_{n+1} - \varphi_n \tag{3.62}$$

$$\varphi_n = \arctan \frac{(x_{n+1} - y_n)}{(x_{n+1} - x_n)} \tag{3.63}$$

式中，P 为目标区域的周长；φ_n 为边界曲率；(x_n, y_n) 为目标图像边界点的坐标。

26. 边界矩

边界矩一般使用低阶矩。2009 年，林大辉等 [46] 使用此特征对树种分类方法进行了研究。其计算公式为

$$F_1 = \frac{M_2^{\frac{1}{2}}}{m_1} = \frac{\left\{ \dfrac{1}{N} \sum\limits_{i=1}^{N} [z(i) - m_1]^2 \right\}^{\frac{1}{2}}}{\dfrac{1}{N} \sum\limits_{i=1}^{N} z(i)} \tag{3.64}$$

$$F_2 = \frac{M_4^{\frac{1}{2}}}{m_1} = \frac{\left\{ \dfrac{1}{N} \sum\limits_{i=1}^{N} [z(i) - m_1]^4 \right\}^{\frac{1}{4}}}{\dfrac{1}{N} \sum\limits_{i=1}^{N} z(i)} \tag{3.65}$$

其中，区域质心为 $(\bar{x}, \bar{y})$，边界点集合为 $\{x(i), y(i) | i = 1, 2, \cdots, N\}$，质心到边界上各点的欧氏距离为

$$z(i) = \sqrt{[x(i) - \bar{x}]^2 + [y(i) - \bar{y}]^2} \tag{3.66}$$

p 阶矩定义为

$$m_p = \frac{1}{N} \sum_{i=1}^{N} [z(i)]^2 \tag{3.67}$$

p 阶中心矩定义为

$$M_p = \frac{1}{N} \sum_{i=1}^{N} [z(i) - m_1]^2 \tag{3.68}$$

相应的归一化矩为

$$\overline{m}_p = \frac{m_p}{M_2^{\frac{p}{2}}} = \frac{\dfrac{1}{n} \sum\limits_{i=1}^{N} [z(i)]^p}{\left\{ \dfrac{1}{N} \sum\limits_{i=1}^{N} [z(i) - m_1]^2 \right\}^{\frac{p}{2}}} \tag{3.69}$$

$$\overline{M}_p = \frac{M_p}{M_2^{\frac{p}{2}}} = \frac{\dfrac{1}{n} \sum\limits_{i=1}^{N} [z(i) - m_1]^p}{\left\{ \dfrac{1}{N} \sum\limits_{i=1}^{N} [z(i) - m_1]^2 \right\}^{\frac{p}{2}}} \tag{3.70}$$

27. 角点度量

角点度量 (R_N) 指目标区域的角点个数与其周长之比。2012 年，袁津生和姚宇飞[41] 使用此特征 (将其值扩大十倍) 对基于分形维度的叶片图像进行了研究。其计算公式为

$$R_N = \frac{N}{P} \tag{3.71}$$

式中，N 为目标区域的角点个数。

28. 锯齿度

锯齿度 (R_S) 反映了目标区域边缘上锯齿的疏密程度。贺鹏和黄林在文献 [44] 中使用此特征研究了植物叶片特征提取及识别方法。其计算公式为

$$R_S = \frac{N_S}{P} \tag{3.72}$$

式中，N_S 为锯齿数目。

29. 平坦度

2012 年，张娟和黄心渊 [47] 使用平坦度特征对梅花品种识别方法进行了研究。平坦度 (F) 计算公式为

$$F = \frac{1}{m \times n} \sum_{i=1}^{m} \sum_{j=1}^{n} v(i,j) \tag{3.73}$$

式中，(i,j) 为图像亮度分量中 (i,j) 的灰度值；m、n 分别为图像的宽和高。将图像颜色量化为 13 个级别，然后将图像划分为 32×32 的子块，计算每一子块的平坦度，最后量化平坦度的值。

30. 曲率特征

2009 年，侯铜等 [2] 使用曲率特征对基于叶片外形特征的植物识别方法进行了研究。曲率特征 (R_{cur}) 计算公式为

$$R_{\text{cur}} = \frac{N_1}{N_2} \tag{3.74}$$

式中，N_1 为目标区域凸外角的数目；N_2 为目标区域凹外角的数目。根据 8 方向链码的原理，沿边界像素点记录链码值，当两像素的后者链码值与前者链码值差值为 -2 或 6 时，则产生一个凹外角；当差值为 -7、-6、1、2 时，则产生一个凸外角。

31. 细化厚度

2002 年，龙满生 [48] 使用此特征对玉米苗期的杂草识别进行了研究。细化厚度 (T) 的计算公式为

$$T = 2n \tag{3.75}$$

式中，n 是指将物体细化成一个像素宽的曲线时的细化次数，每次细化削去物体的一层边界像素。

3.1.2　纹理特征

许多相互接近的元素构成纹理，并且富有一定的周期性。图像的纹理指图像中灰度、颜色的变化，是图像固有的一项特征。图像的纹理描述了区域的稀疏、规则等一些特性，常用的纹理描述方法主要有 3 种：统计法、结构法、频谱法。在对基于叶片图像的植物进行识别时，纹理特征是一项重要的识别特征。

1. 能量

能量 (energy) 也称二阶矩，是对图像分布均匀程度的反映。在提取植物叶片图像各种特征的过程中，文献 [12,16,18,29,34-37,42,49-51] 使用能量这一纹理特征对识别方法进行了研究。能量 (En) 计算公式为

$$\text{En} = \sum_{i=0}^{G-1} \sum_{j=0}^{G-1} P^2(i,j) \tag{3.76}$$

式中，$P(i,j)$ 表示具有空间位置关系 δ，并且灰度分别为 i 和 j 的两个像素出现的概率 (归一化)，$i,j = 0,1,2,\cdots,G-1$；G 为灰度级数目。

2. 熵

熵 (entropy，用 Ent 表示) 是对图像纹理非均匀度或者复杂程度的反映。其计算公式为

$$\text{Ent} = -\sum_{i=0}^{G-1} \sum_{j=0}^{G-1} P(i,j) \log_2 P(i,j) \tag{3.77}$$

有时也计算熵之和，其计算公式为

$$S_{\text{Ent}} = -\sum_{i=0}^{2G-2} P_{x+y}(i) \log P P_{x+y}(i) \tag{3.78}$$

$$D_{\text{Ent}} = -\sum_{i=0}^{G-1} P_{x+y}(i) \log P_{x+y}(i) \tag{3.79}$$

$$P_{x+y}(k) = \sum_{i=0}^{G-1} \sum_{j=0}^{G-1} P(i,j) \qquad |i+j| = k \tag{3.80}$$

在文献 [12,16,17,19,20,29,34,36,38,40,42] 中，研究者通过提取叶片的熵来描述其纹理特征，进而对叶片的分类方法进行了研究。

3. 对比度

对比度 (contrast，用 Con 表示) 也称惯性矩，是对图像清晰程度的反映。为了更好地对植物叶片识别方法进行研究，文献 [12,16,18,34-37,42] 中通过提取叶片对比度特征对叶片纹理进行了描述。其计算公式为

$$\text{Con} = \sum_{i=1}^{G} \sum_{j=1}^{G} (i-j)^2 P(i,j) \tag{3.81}$$

式中，G 为灰度级数目；$P(i,j)$ 为灰度元素 i,j 出现的概率。

4. 相关性

相关性 (correlation，用 Cor 表示) 主要描述灰度共生矩阵元素的相似程度 (行、列方向)。文献 [12,16,18,34-37,42,49-53] 中都有使用此特征进行植物叶片图像的识别研究。其数学表达式为

$$\text{Cor} = \frac{\sum_{i=0}^{G-1}\sum_{j=0}^{G-1} ijP(i,j) - u_1 u_2}{\sigma_1^2 \sigma_2^2} \tag{3.82}$$

其中，

$$u_1 = \sum_{i=0}^{G-1} iP(i,j) \tag{3.83}$$

$$u_2 = \sum_{j=0}^{G-1} jP(i,j) \tag{3.84}$$

$$\sigma_1^2 = \sum_{i=0}^{G-1} (i-u_1)^2 \sum_{j=0}^{G-1} P(i,j) \tag{3.85}$$

$$\sigma_2^2 = \sum_{j=0}^{G-1} (j-u_2)^2 \sum_{i=0}^{G-1} P(i,j) \tag{3.86}$$

式中，G 为灰度级数目；$P(i,j)$ 为灰度元素 i,j 出现的概率。此外，文献 [17,23,38, 49,54] 在使用纹理特征对植物进行分类研究时使用了相关特征 Cor1 和 Cor2，其计算公式如下

$$\text{Cor1} = \frac{H_{xy} - H_{xy1}}{\max[P_x(i)\log P_x(i), P_y(j)\log P_y(j)]} \tag{3.87}$$

$$\text{Cor2} = [1 - e^{-2(H_{xy2} - H_{xy})}]^{0.5} \tag{3.88}$$

而 H_{xy}、H_{xy1}、H_{xy2} 分别为

$$H_{xy} = -\sum_{i=0}^{G-1}\sum_{j=0}^{G-1} P(i,j)\log P(i,j) \tag{3.89}$$

$$H_{xy1} = -\sum_{i=0}^{G-1}\sum_{j=0}^{G-1} P(i,j)\log[P_x(i)P_y(j)] \tag{3.90}$$

$$H_{xy2} = -\sum_{i=0}^{G-1} \sum_{j=0}^{G-1} P_x(i)P_y(j) \log[P_x(i)P_y(j)] \tag{3.91}$$

5. 均值

均值 (average，用 μ 表示) 是对纹理平均亮度的度量。文献 [19,20,50,53] 中使用叶片图像的均值特征作为一项纹理特征。均值的计算公式为

$$\mu = \sum_{i=0}^{G-1} z_i P(z_i) \tag{3.92}$$

式中，z_i 代表灰度级的随机变量；$p(z_i)(i=0,1,2,\cdots,G-1)$ 为对应的直方图；G 是可区分的灰度级数目。

此外，文献 [36,54] 在研究植物叶片分类时采用了特征加权均值 (S_{AVG})。其计算公式为

$$S_{\text{AVG}} = \sum_{i=0}^{2G-2} iP_{x+y}(i) \tag{3.93}$$

6. 同质性

同质性 (homogeneity，用 IDM 表示) 又称逆差矩，文献 [12,17,35,36,38,40,42,49,53-55] 中均有使用此特征。其计算公式为

$$\text{IDM} = \sum_{i=0}^{G-1} \sum_{j=0}^{G-1} \frac{P(i,j)}{1+(i-j)^2} \tag{3.94}$$

7. 标准差和方差

标准差 (σ) 度量了纹理的平均对比度。其计算公式为

$$\sigma = \sqrt{\mu_2(z)} \tag{3.95}$$

均值 μ 的 n 阶矩为

$$\mu_n = \sum_{i=0}^{G-1} (z_i - \mu)^n P(z_i) \tag{3.96}$$

式中，z_i 代表灰度级的随机变量；$P(z_i)$ 为对应的直方图；G 是可区分的灰度级数目。有时也对方差进行计算，计算公式分别为

$$\hat{\text{Var}} = \sum_{i=0}^{G-1} \sum_{j=0}^{G-1} (i-\mu)^2 P(i,j) \tag{3.97}$$

$$S_{\widehat{\text{Var}}} = \left[i + \sum_{i=0}^{2G-2} P_{x+y}(i) \log P_{x+y}(i) \right]^2 P_{x+y}(i) \tag{3.98}$$

在研究植物叶片识别方法时，文献 [19,20,36,38,50,54] 中都将标准差及方差作为纹理特征进行了进一步的研究。

8. 最大概率

最大概率 (maximum probability，用 $P_{\max}$ 表示) 是对灰度共生矩阵的最强响应的度量。文献 [53,55] 使用此特征研究了植物叶片的识别方法。其数学表达式为

$$P_{\max} = \max_{i,j} P(i,j) \tag{3.99}$$

式中，$P(i,j)$ 为灰度元素 i,j 出现的概率。

9. 一致性

2006 年，Pydipati 等 [53] 使用此特征，运用纹理特征和判别分析对柑橘类叶片疾病进行了研究。2007 年，张蕾 [20] 使用此特征对计算机自动植物种类识别方法进行了研究。王路等 [19] 对基于学习向量量化 (LVQ) 神经网络的植物种类进行研究时采用了此特征 (先对图像进行了 Gabor 滤波处理)。一致性 (uniformity，用 U 表示) 的计算公式为

$$U = \sum_{i=0}^{G-1} [p(z_i)]^2 \tag{3.100}$$

式中，z_i 为灰度级的随机变量；$P(z_i)$ 为对应的直方图；G 为可区分的灰度级数目。

10. 熵序列

熵序列 (Ens) 是由马义德在文献 [56] 中提出的。其数学描述如下

$$\text{Ens}[n] = -P_1[n]\log_2 P_1[n] - P_0[n]\log_2 P_0[n] \tag{3.101}$$

式中，P_1 表示每个图像中 1 出现的概率；P_0 表示每个图像中 0 出现的概率；$[n]$ 表示第 n 张图像。

文献 [27,57] 中对植物叶片图像进行识别研究时，采用此特征进行了分类研究，取得了不错的效果。

11. 方向梯度直方图

方向梯度直方图 (histogram of oriented gradient，HOG) 由计算、统计局部区域的梯度方向直方图构成。文献 [58] 中使用此特征对植物叶片分类方法进行了研究。

12. 分形维数

分形维数可以很好地反映图像的纹理复杂程度，其定义为 $(\log A_\gamma, \log \gamma)$ 拟合曲线的斜率，

$$A_\gamma = \frac{(V_\gamma - V_{\gamma-1})}{2} \tag{3.102}$$

$$V_\gamma = \sum_{i,j} [u_\gamma(i,j) - b_\gamma(i,j)] \tag{3.103}$$

式中，u_γ、b_γ 分别为毯子的上、下表面；A_γ 运用毯子法求出，其中，V 表示毯子的体积，A 表示毯子的表面积。

在文献 [16,23,35,41,45,59] 中，研究者在对植物识别技术进行研究时使用了此特征。

13. 平滑度

平滑度是对纹理亮度的相对度量。2007 年，王路等 [19] 对基于 LVQ 神经网络的植物种类进行研究时采用了此特征 (先对图像进行了 Gabor 滤波处理)；张蕾 [20] 使用此特征研究了基于叶片特征的计算机自动植物种类识别方法。平滑度 (R) 的表达式为

$$R = 1 - \frac{1}{1 + \sigma^2} \tag{3.104}$$

式中，σ 为标准差。

14. 三阶矩

三阶矩是对灰度直方图偏斜性的度量。文献 [19,20] 使用此特征研究了基于叶片特征的计算机自动植物种类识别方法。三阶矩 (μ_3) 的定义为

$$\mu_3 = \sum_{i=0}^{G-1} (z_i - \mu)^3 p(z_i) \tag{3.105}$$

式中，z_i 代表灰度级的随机变量；μ 为均值；$p(z_i)$ 为对应的直方图；G 为可区分的灰度级数目。

15. 逆差矩

逆差矩又称同质性，其计算公式见式 (3.94)。

在文献 [7,12,13,17,33,35,38,40,42,49,53-55,60] 中，研究者在研究植物叶片图像识别与分类方法时使用了此特征。

16. 缝隙量

缝隙量反映了纹理的疏密程度。2013 年，张宁和刘文萍在文献 [23] 中使用此特征对基于克隆选择算法和 K 近邻的植物叶片识别方法进行了研究。缝隙量 (Δ) 的表达式为

$$\Delta = E\left\{\left[\frac{M}{E(M)-1}\right]^2\right\} \tag{3.106}$$

式中，M 为分形体质量；E 为能量；$E(M)$ 为期望值。

17. 小波矩

2014 年，叶福玲 [61] 在对基于小波矩和叶形特征的叶片识别方法进行研究时采用了此特征。小波矩 ($\|F_{q,m,n}\|$) 的计算公式为

$$\|F_{q,m,n}\| = \left\|\iint f(r,\theta)\mathrm{e}^{jp\theta}r\mathrm{d}r\mathrm{d}\theta\right\| \tag{3.107}$$

式中，$f(r,\theta)$ 表示极坐标上二维的二值图像，矩特征 (F_{pq}) 的一般表达式为

$$F_{pq} = \iint f(r,\theta)g_p(r)\mathrm{e}^{jp\theta}r\mathrm{d}r\mathrm{d}\theta \tag{3.108}$$

式中，$g_p(r)$ 表示极坐标上的径向分量；$\mathrm{e}^{jp\theta}$ 表示极坐标上的角度变量。利用小波函数集代替函数 $g_p(r)$，得到小波矩不变量，小波函数集 $[\Psi_{a,b}(r)]$ 为

$$\Psi_{a,b}(r) = \frac{1}{\sqrt{a}}\Psi\left(\frac{r-b}{a}\right) \tag{3.109}$$

式中，$a(a \in R_+)$ 表示扩张因子；$b(b \in R)$ 表示位移因子。实验中小波矩的母小波 $[\Psi(r)]$ 是采用 3 次 B 样条函数表示的，即

$$\Psi(r) = \frac{4a^{n+1}}{\sqrt{2\pi(n+1)}}\sigma_w \cos[2\pi f_0(2r-1)] \times \mathrm{e}^{\frac{(2r-1)^2}{2\sigma_w^2(n+1)}} \tag{3.110}$$

式中，$n = 3$，$a = 0.697\,066$，$f_0 = 0.409\,177\,5$。当 $a = 0.5^m$，$b = n \times 0.5^m$ 时，小波函数集为

$$\Psi_{m,n}(r) = 2^{\frac{m}{2}}\Psi(2^m r - n) \tag{3.111}$$

式中，m、n 是根据提取图像的局部特征或全局特征设定。

18. Gabor 变换后叶片的纹理特征矢量

2008 年，杜吉祥等在文献 [50,62] 中对植物叶片自动识别方法进行研究时使用了此特征。Gabor 变换后叶片的纹理特征矢量为

$$F = F[j_1^{00}, j_2^{00}, j_1^{01}, j_2^{01}, L, j_1^{(M-1)(N-1)}, j_2^{(M-1)(N-1)}] \tag{3.112}$$

其中，能量均值 (ϕ_1^{mn} 或 u_{mn}) 和能量均方差 (ϕ_2^{mn} 或 σ_{mn}) 分别为

$$\phi_1^{mn} = u_{mn} = \iint |W_{mn}(x, y)| \mathrm{d}x\mathrm{d}y \tag{3.113}$$

$$\phi_2^{mn} = \sigma_{mn} = \sqrt{\iint [|W_{mn}(x, y)| - u_{mn}] \mathrm{d}x\mathrm{d}y} \tag{3.114}$$

式中，$W_{mn}(x, y)$ 是图像通过二维 Gabor 小波变换得到。

19. 小梯度优势

2013 年，乔永亮 [37] 采用此特征对田间杂草识别技术进行了研究 (将图像降为 32 个灰度级，选取水平方向，距离取 1 计算)。小梯度优势 (T) 的计算公式为

$$T = \frac{\sum\limits_{i=1}^{G}\sum\limits_{j=1}^{G} \dfrac{H(i,j)}{i^2}}{\sum\limits_{i=1}^{G}\sum\limits_{j=1}^{G} H(i,j)} \tag{3.115}$$

式中，$H(i,j)$ 为灰度-梯度共生矩阵的元素；G 为灰度级数目。

20. 灰度不均匀性

2013 年，乔永亮 [37] 使用灰度不均匀性作为特征，对田间杂草识别技术进行了研究。灰度不均匀性 (T_U) 计算公式为

$$T_U = \frac{\sum\limits_{i=1}^{G} [\sum\limits_{j=1}^{G} H(i,j)]^2}{\sum\limits_{i=1}^{G}\sum\limits_{j=1}^{G} H(i,j)} \tag{3.116}$$

式中，$H(i,j)$ 为灰度-梯度共生矩阵的元素；G 为灰度级数目。

21. 局部二值模式

局部二值模式 (local binary patterns，LBP) 最初由 Ojala 等 [63] 提出。它对于图像局部纹理特征具有出色的描述能力。LBP 的提取过程主要如下：对于图像中的每个像素，将像素的灰度值用作阈值，通过阈值的比较将邻域内各个像素的灰度值进行二值化，然后按一定顺序合成二值化结果以获得二进制数用作对该像素的响应。LBP 的编码过程如图 3-1 所示。为了提高 LBP 算子的统计学意义，Ojala 等 [64] 提出了统一模式的概念。对于局部二值模式，在将其二进制位字符串视为循环的情况下，如果从 0 到 1 或从 1 到 0 的跳变次数不超过 2 次，则此局部二值模式被称为统一模式。在 LBP 直方图统计信息中，仅将指定的直方图块分配给统一模式，并将所有非统一模式都放置在公共块中。因此，LBP 描述子的维度下降到 59。

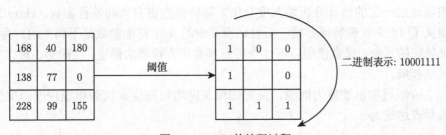

图 3-1　LBP 的编码过程

22. 灰度共生矩阵

1973 年，Haralick 等 [65] 提出了灰度共生矩阵 (grey-level co-occurrence matrix，GLCM)，并将其用于图像纹理的描述，取得了良好的效果。灰度共生矩阵由元素 $P_d(m,n)$ $(m,n=0,1,2,\cdots,L-1)$ 构成，其含义为图像中具有特定空间位置关系 $d=(Dx,Dy)$，且满足第一个像素的灰度值为 m、第二个像素的灰度值为 n 的像素对出现的次数。位置关系 d 决定了两个像素点间的距离和角度，如图 3-2 所示。其中，θ 决定了灰度共生矩阵的生成方向，通常取值为 0、45、90 和 135。

当确定 d 后，便能生成在位置关系 d 下的灰度共生矩阵，其数学描述如下

$$P_d = \begin{bmatrix} P_d(0,0) & P_d(0,1) & \cdots & P_d(0,L-1) \\ P_d(1,0) & P_d(1,1) & \cdots & P_d(1,L-1) \\ \vdots & \vdots & & \vdots \\ P_d(L-1,0) & P_d(L-1,1) & \cdots & P_d(L-1,L-1) \end{bmatrix} \tag{3.117}$$

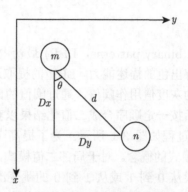

图 3-2　灰度共生矩阵的像素对

为进一步提高统计学意义，通常需要将像素对出现的次数转换为频率，将归一化后的值定义为 $\hat{P}_d(m, n)$。灰度共生矩阵通常不会被直接用于纹理的描述，而是需要通过一定的统计分析将灰度共生矩阵转换为更有效的特征参数。Haralick 等定义了 14 个纹理特征参数，后被证明其中的 4 个特征参数是不相关的，为了减低特征的冗余，通常使用以下 4 个特征参数作为纹理的描述：二阶矩、对比度、相关性和熵。

二阶矩通常也被称为能量，是对图像灰度均匀程度和纹理粗细程度的度量。其数学表达式为

$$\mathrm{En} = \sum_{m=0}^{L-1} \sum_{n=0}^{L-1} [\hat{P}_d(m, n)]^2 \tag{3.118}$$

对比度是对灰度图像的清晰程度和纹理深浅程度的度量。其数学表达式为

$$\mathrm{Con} = \sum_{k=0}^{L-1} k^2 \sum_{m=0}^{L-1} \sum_{n=0}^{L-1} \hat{P}_d(m, n) \tag{3.119}$$

相关性是对灰度共生矩阵中的元素在行或列上的相似程度的度量。其数学表达式为

$$\mathrm{Cor} = \frac{\sum_{m=0}^{L-1} \sum_{n=0}^{L-1} mn\hat{P}_d(m, n) - \mu_1 \mu_2}{\sigma_1^2 \sigma_2^2} \tag{3.120}$$

其中，

$$\mu_1 = \sum_{m=0}^{L-1} m \sum_{n=0}^{L-1} \hat{P}_d(m, n) \tag{3.121}$$

$$\mu_2 = \sum_{m=0}^{L-1} n \sum_{n=0}^{L-1} \hat{P}_d(m, n) \tag{3.122}$$

$$\sigma_1^2 = \sum_{m=0}^{L-1} (m - \mu_1)^2 \sum_{n=0}^{L-1} \hat{P}_d(m, n) \tag{3.123}$$

$$\sigma_2^2 = \sum_{m=0}^{L-1} (n - \mu_2)^2 \sum_{n=0}^{L-1} \hat{P}_d(m, n) \tag{3.124}$$

3.1.3　颜色特征

就图像特征来讲，颜色特征是一项显著、可靠、稳定的视觉特征。同几何特征相比，颜色特征鲁棒性很强，对图像中目标大小、方向的变化不敏感。颜色矩不需要单独对颜色空间进行量化，并且其特征向量维数很低，可以作为颜色特征的一种简单有效的表示方法。下面对一些常用颜色特征进行简单介绍。

1. 颜色均值

颜色均值可以描述图像的平均颜色。文献 [11,12,17,18,34,36,51,66] 中通过提取叶片图像的均值来描述其颜色特征。颜色均值 (μ) 计算公式为

$$\mu = \frac{1}{MN} \sum_{i=1}^{M} \sum_{j=1}^{N} P(i, j) \tag{3.125}$$

式中，M 和 N 表示图像的长和宽；$P(i, j)$ 表示图像在 i 行 j 列的颜色值。

2. 颜色标准差

文献 [11,12,17,18,34,36,51,66] 中使用标准差 (standard deviation，用 σ 表示) 作为叶片图像的颜色特征。标准差的计算公式为

$$\sigma = \sqrt{\frac{1}{MN} \sum_{i=1}^{M} \sum_{j=1}^{N} [P(i, j) - \mu]^2} \tag{3.126}$$

3. 偏斜度

偏斜度 (skewness，用 θ 表示) 衡量颜色的对称性。其计算公式为

$$\theta = \frac{1}{MN\sigma^3} \sum_{i=1}^{M} \sum_{j=1}^{N} [P(i, j) - \mu]^3 \tag{3.127}$$

文献 [11,12,17,18,34,36,51,66] 中，研究者用偏斜度来描述叶片图像的颜色特征，对植物叶片图像的分类方法进行了研究。

4. 峰度

峰度 (kurtosis) 是相对于正态分布锐化或平坦程度的衡量。文献 [11,12,17,18,
36,51,66] 在研究基于图像处理技术的植物叶片识别与分类方法时采用了此特征。
峰度 (γ) 的计算公式为

$$\gamma = \frac{1}{MN\sigma^4} \sum_{i=1}^{M} \sum_{j=1}^{N} [P(i,j) - \mu]^4 \tag{3.128}$$

3.1.4 特征性能评估

1. 单独特征评价

选取前面讲述的 17 种形状特征、11 种纹理特征以及 4 种颜色特征。在这 32
种叶片特征中，为了发现单个特征在叶片识别过程中所贡献的作用，我们特地对
单个特征进行了一系列的评价实验。

首先，将 LIBSVM 软件包在进行分类实验时的部分参数设置为 "-c 2 -g 1 -t 1
-q"。其次，实验采用 Flavia 叶片数据集 (以下简称 Flavia 数据集)，其中共有 1907
个叶片图像样本，共分为 32 类，在进行实验时，对每一类训练样本和测试样本数目
近似为 1:1。为使实验数据更加客观，对每一个特征进行了随机 20 次实验。

表 3-2 中列出了每一个特征单独的识别率，识别率由 20 次随机实验所得的
识别率的均值和标准差表示。

表 3-2　单特征的识别率

序号	特征	识别率 (%)	序号	特征	识别率 (%)
1	周长凹凸比	3.8894±0.0001	17	颜色标准差	8.7615±0.4996
2	生理长宽比	3.8945±0.0228	18	同质性	9.5035±0.6791
3	致密度	3.9457±0.0522	19	均值	10.8393±0.8804
4	球状性	4.5394±0.2000	20	偏心率	12.5230±0.4225
5	峰度	4.9027±0.4328	21	圆形度	12.5281±0.2535
6	能量	6.4380±0.1404	22	偏斜度	12.9017±0.3991
7	一致性	6.4483±0.1626	23	长/周长	13.1422±0.8514
8	对比度	6.4943±0.3088	24	相关性	13.5261±0.8047
9	面积凹凸比	7.4616±0.3651	25	狭窄度	18.0040±0.4092
10	矩形度	7.4616±0.3711	26	椭圆离心率	18.5056±0.4437
11	最大概率	7.7942±0.3746	27	中心距序列	31.4329±0.7593
12	Zernike 矩	8.1883±0.3800	28	Hu 不变矩 (12)	46.2671±0.8827
13	颜色标准差	8.3930±0.3451	29	Hu 不变矩 (7)	47.7840±0.8317
14	颜色均值	8.4442±0.2846	30	GFD	65.0204±1.2766
15	熵	8.6438±0.5708	31	熵序列	75.0511±0.8432
16	宽长比	8.7256±0.4225	32	HOG	91.9140±1.0235

为了使实验结果看起来更加直观，将表 3-2 中数据用折线图进行表示。从表 3-2 中可以发现，尽管进行实验的均为单个特征，但是其所得的特征向量仍然有所差别。有些是单值特征，即所得特征仅为一个数值，而有些特征为多值特征，即所得特征由多个数值组成。我们将单值特征和多值特征分别进行了作图。其中，单值特征的识别率如图 3-3 所示，多值特征的识别率如图 3-4 所示。

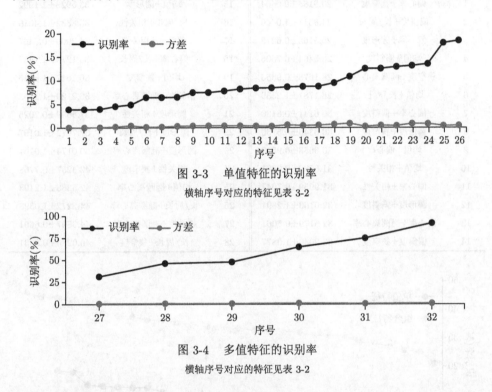

图 3-3 单值特征的识别率

横轴序号对应的特征见表 3-2

图 3-4 多值特征的识别率

横轴序号对应的特征见表 3-2

2. 两两组合特征实验

从图 3-3 和图 3-4 中发现，除了部分多值特征外，单值特征的识别率都比较低，这使得在识别过程中很难将他们单独应用。为了进一步改善实验结果，我们尝试两两组合单值特征。

为此，从表 3-2 中找出了识别率相对最好的 8 个单值特征，对它们进行两两组合实验。本次实验除了每一组实验随机进行 10 次外，其余的实验设置与前面的实验一致。表 3-3 记录了两两组合实验的结果。

从表 3-3 可以发现，相比单值特征，两两组合特征的识别率明显有了一定程度的提升。为了更好地对它们进行比较，将 26 个单值特征及 28 组两两组合特征的识别率进行了对比，结果如图 3-5 所示。从图 3-5 中的两条折线可以发现，单值特征的识别率最高只是达到接近 20% 的程度，而两两组合特征的最低识别率也已超过 20%，这说明进行的两两组合特征的实验是有效果的。因此，组合特征将是我们研究的重点。

表 3-3　　两两组合特征的识别率

序号	特征	识别率 (%)	序号	特征	识别率 (%)
1	偏心率+狭窄度	20.8188±0.6404	15	均值+圆形度	33.5926±1.1992
2	偏斜度+长/周长	24.8311±1.0440	16	长/周长+相关性	33.8382±1.4019
3	偏心率+圆形度	25.5168±0.6273	17	偏斜度+相关性	34.3909±0.8467
4	均值+偏斜度	26.5404±0.7506	18	偏心率+长/周长	35.1279±1.1487
5	狭窄度+椭圆离心率	28.1678±0.9353	19	均值+狭窄度	36.1617±1.6846
6	均值+长/周长	28.1781±1.2339	20	偏斜度+椭圆离心率	36.2129±1.1953
7	偏心率+偏斜度	30.6141±0.6130	21	圆形度+相关性	37.5639±0.7025
8	圆形度+狭窄度	30.6346±0.5730	22	圆形度+长/周长	37.7072±1.0157
9	均值+偏心率	30.6653±0.9518	23	圆形度+椭圆离心率	39.0174±1.0164
10	均值+相关性	31.6786±0.6861	24	相关性+狭窄度	42.4257±0.7768
11	偏心率+相关性	31.9959±0.7647	25	均值+椭圆离心率	42.5383±1.2103
12	圆形度+偏斜度	32.0163±1.2891	26	长/周长+椭圆离心率	44.2272±1.0398
13	偏心率+椭圆离心率	32.5179±0.5061	27	相关性+椭圆离心率	44.3807±0.6601
14	偏斜度+狭窄度	33.2036±1.0877	28	长/周长+狭窄度	46.0286±0.8831

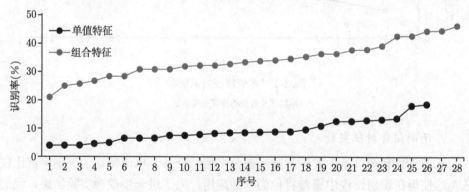

图 3-5　　单值特征与组合特征识别率的对比

单值特征序号对应的特征见表 3-2；组合特征序号对应的特征见表 3-3

3.2　叶片特征分类

　　分类作为数据挖掘技术的一种重要方法，是在已有的数据基础上构造出一个分类模型 (分类器)。分类模型将数据库中的数据记录映射到某一个给定的类别，以此对数据进行预测。总而言之，分类器就是数据挖掘技术中对样本进行分类的方法的统称，包含决策树、逻辑回归、神经网络等算法。

分类器的实施一般会有以下几个步骤：

1) 选定样本，将所有的样本分成训练、测试两个部分；

2) 在训练样本上通过分类器算法进行训练，生成分类模型；

3) 通过分类模型对测试样本进行测试，生成预测结果；

4) 根据预测结果，评估生成分类模型的性能。

分类算法可以分为基于概率密度的方法和基于判别函数的方法。

基于概率密度的分类算法通常借助于贝叶斯理论体系，利用潜在的类条件概率密度函数的知识进行分类；著名的贝叶斯估计法、最大似然估计就属于基于概率密度的分类算法，这些算法均属于有参估计，需要预先假设类别的分布模型，然后使用训练数据来调整概率密度中的各个参数。除此之外，如 Parzen 窗、K 最近邻算法等方法属于无参估计，此类方法可从训练样本中估计出概率密度。基于判别函数的分类方法使用训练数据估计分类边界来完成分类，并不需要计算概率密度函数。

基于判别函数的方法则假设分类规则是由某种形式的判别函数表示，而训练样本可用来表示计算函数中的参数，并利用该判别函数直接对测试数据进行分类。此类分类器中，有著名的感知器方法、最小平方误差法、支持向量机 (support vector machine，SVM) 法、神经网络方法以及径向基函数 (radial basis function，RBF) 方法等。

除此之外分类算法还可以根据监督方式来划分，可分为三大类：监督分类、半监督分类和无监督分类。

监督分类是指根据已知训练区提供的样本，通过选择特征参数，求出特征参数作为决策规则，建立判别函数进而进行分类。有很多著名的分类器算法都属于有监督的学习方式，如 SVM、自适应增强 (AdaBoost)、神经网络算法以及感知器算法。

无监督分类是指所有的样本均没有经过标注，通过利用样本自身信息完成分类学习任务，这种方法通常被称为聚类，常用的聚类算法包括期望最大化 (EM) 算法和模糊 C 均值聚类算法等。

半监督分类是将监督分类和无监督分类结合的一种分类方法，指有一部分训练样本具有类标号而一部分未标号，分类算法需要同时利用有标号样本和无标号样本学习分类，使用两种样本训练的结果比仅使用有标注的样本训练的效果更好。这类算法通常由有监督学习算法改进而成，如 SemiBoost、流形正则化、半监督SVM 等。

相对于植物的分类识别，一般采用的有误差后向传播 (BP)、KNN、学习向量量化 (LVQ)、径向基概率神经网络 (RBPNN)、自组织映射 (SOM)、SVM 等分类器。下面就针对分类器在植物分类识别中的应用对其进行一一介绍。

3.2.1 常用分类器

1. SVM 分类器

支持向量机 (SVM) 属于有监督学习模型，已经被大量应用于分类、回归分析和模式识别等领域 [4,5,30,34,39-42]。其思想可以主要概括为两点：① 对线性可分进行分析，对于线性不可分情况，通过对低维输入空间样本使用非线性映射算法，将其转化到线性可分的高维特征空间，从而使线性分析非线性特征成为可能；② 基于结构风险最小化理论，通过构建最优分割超平面，全局最优化学习机器，使整个样本空间的期望风险不超过一定上限。

2. KNN 分类器

K 最近邻算法 (K-nearest neighbor) 是数据挖掘分类技术中最简单的方法之一。该分类器也被文献 [1,5,15,23,32,62] 应用到植物识别中。K 最近邻是指通过最接近的 K 个邻居来表示每个样本。其核心思想是：如果一个特征空间中样本的 K 个最相邻样本中的大多数属于某一个类别，那么该样本也是属于此类别，并且具有此类别上样本所具有的特性。

3. 超球分类器

文献 [1,26,31,60,67] 中利用了超球分类器。超球分类器是一种对参考样本进行压缩的分类方法。它通过对样本数据的压缩处理，有效地减少了存储空间和计算时间，而且对识别正确率没有什么影响。它的基本思想是用超球来代表一簇点 (一个样本在高维空间中就是一个点，一个类别就是对应于空间中的一个点集)。可以运用一系列超球来拟合这些点所在的高维空间。其大体思想就是对每种样本用若干个超球去逼近，并在移动超球中心的同时，努力扩大超球的半径使它包含尽可能多的样本点，从而减少存储的超球数量，最终实现用多个超球包含样本空间中所有的样本点。

4. RF 分类器

随机森林 (random forest，RF) 分类器就是用随机的方式建立一个森林，森林由很多的决策树组成，随机森林的每一棵决策树之间是没有关联的。在得到森林之后，当有一个新的样本进入时，就让森林中的每一棵决策树分别进行下一判断，看这个样本应该属于哪一类，然后看哪一类被选择最多，就预测这个样本为哪一类。

2015 年，Elhariri 等 [38] 研究基于叶片特征的植物分类系统时，使用 RF 分类器进行分类，得到了 88.82% 的识别率。同年，Hall 等 [11] 在对复杂环境下的植物叶片分类进行研究时，使用 RF 分类器进行实验，获得的识别率达到了 97.3%。

5. k-means 分类器

k-平均或 k-均值 (k-means) 算法是一种广泛使用的聚类算法。它是将各个聚类子集内所有数据样本的均值作为该聚类的代表点。算法的主要思想是通过迭代过程把数据集划分为不同的类别，使得评价聚类性能的准则函数达到最优，从而使生成的每个聚类内紧凑，类间独立。这一算法不适合处理离散型数据，但是对于连续型数据具有较好的聚类效果。

2014 年，Kruse 等 [68] 在对基于数字图像的叶片识别方法进行研究时，使用 k-均值分类器进行分类实验，得到的识别率达到了 93%。

6. 神经网络分类器

(1) BP 分类器

误差后向传播 (back propagation，BP) 神经网络是由非线性变换单元组成的多层前馈网络，一般由输入层、隐含层和输出层构成。一般情况下，一个三层的 BP 网络足以完成任意的 n 维到 m 维的映射，也就是只需要一个隐含层就可以了。文献 [2,10,16,25,31,48,49,62,69] 使用此方法进行了分类。当 BP 神经网络用作分类器时，神经网络的输入是由 n 个分量表示，也就是植物叶片的 n 个特征。

(2) PNN 分类器

概率神经网络 (probabilistic neural networks，PNN)，其主要思想是使用贝叶斯决策规则使错误分类的期望风险最小，在多维输入空间内分离决策空间。它是一种基于统计原理的人工神经网络，以 Parzen 窗口函数为激活函数的一种前馈网络模型。PNN 吸收了径向基神经网络与经典的概率密度估计原理的优点，与传统的前馈神经网络相比，在模式分类方面具有较为显著的优势。无论分类问题多么复杂，只要有足够多的训练数据，就可以保证获得贝叶斯准则下的最优解。文献 [5-7,24,30,32,44,45,51,67,70] 中采用了此分类器用于特征分类。

(3) RBPNN 分类器

径向基概率神经网络 (radial basis probabilistic neural network，RBPNN) 是一种新型的前馈神经网络，是在径向基函数神经网络 (RBFNN) 和概率神经网络 (PNN) 的基础上发展而来。文献 [8,60,62,71] 中使用了该分类器。RBPNN 的网络结构也分为输入层、隐含层、输出层。但该网络具有两层隐含层，其中第一隐含层是非线性处理层，它实现输入的非线性变换或输入样本的非线性划分；第二隐含层是对第一隐含层的输出进行有选择性的求和与聚类。

(4) LVQ 分类器

学习向量量化 (learning vector quantization，LVQ) 神经网络属于前向有监督神经网络类型，由输入层、隐含层和输出层三层组成。隐含层和输出层神经元之间的连接权值固定为 1。在神经网络训练过程中，输入层和隐含层神经元之间的权值被修改。当某个输入层模式被送至网络时，最接近输入模式的隐含神经元因获得激发而赢得竞争，因而允许它产生一个 "1"，而其他隐含层神经元都被迫产生 "0"。

2007 年，王路等 [19] 在对基于 LVQ 神经网络的植物种类识别进行研究时，使用 LVQ 分类器对 9 类共 225 幅叶片图像样本进行实验，得到了 94.4% 的识别率。

(5) SOM 分类器

自组织映射 (self-organizing map，SOM) 神经网络，有时也称为 Kohonen 网络。主要思想为：当一个神经网络接受外界输入模式时，将会分为不同的对应区域，各区域对输入模式具有不同的响应特征，而且这个过程是自动完成的。自组织特征映射正是根据这一看法提出来的，其特点与人脑的自组织特性相类似。

2007 年，张蕾 [20] 采用叶片的一些特征对基于叶片特征的计算机自动植物种类识别进行研究时，使用 SOM 分类器对 15 类共 364 幅叶片样本进行实验，获得的识别率达到了 95.56%。

(6) 其他分类器

除了常用的一些分类器之外，随着植物识别的不断发展，也出现了一些新的识别算法或者很少用到的分类方法，下面就这些识别方法进行了列举。

2010 年，阚江明等 [33] 在对基于叶片图像的植物识别方法进行研究时，使用 RBF 神经网络，识别率达到了 83.3%；2014 年，Arunpriya 和 Thanamani [9] 在研究一种新的植物识别方法时，使用 RBF 神经网络进行实验，识别率达到了 88.6%。2014 年，龚丁禧和曹长荣 [72] 对基于卷积神经网络的植物叶片进行分类研究时，使用卷积神经网络 (convolutional neural network，CNN) 分类器进行实验，识别率达到了 99.56%；2015 年，Elhariri 等 [38] 在研究植物分类方法时，使用线性判别分析 (linear discriminant analysis，LDA) 进行实验，识别率为 92.65%；2014 年，Kruse 等 [68] 在对基于叶片表面的像素识别方法进行研究时用 LDA 进行分类实验，识别率达到了 95%；同年，Kalyoncu 和 Toygar [14] 在研究植物分类时，使用线性判别分类 (linear discriminant classifier，LDC) 进行实验，获得了高于 70% 的识别率。

3.2.2　分类器性能评估

本文的所有实验均使用 LIBSVM 作为分类器。就叶片图像识别方面来讲，针对一些小型的树叶数据库，LIBSVM 具有不错的分类效果和性能。为了更好地认识 LIBSVM 在叶片分类时的优越性，我们又采用了 KNN 分类器进行对比实验。选取了三特征组合实验中识别率较好的 6 组特征来进行分类器对比实验。

1. Flavia 数据集上的对比

实验仍旧采用 Flavia 数据集,对每一类训练样本和测试样本数目近似为 1∶1。对每一组特征都随机进行 10 次实验,实验结果由识别率的均值和标准差来表示,见表 3-4。

表 3-4　Flavia 数据集上的分类器对比

序号	特征	SVM 识别率 (%)	KNN 识别率 (%)
1	Ens+长/周长+狭窄度	89.8823±0.9528	82.9734±1.1690
2	Ens+相关性+椭圆离心率	89.2835±1.0057	81.9908±1.2472
3	Ens+长/周长+椭圆离心率	89.6418±0.9507	81.9652±0.9955
4	Ens+均值+椭圆离心率	88.3009±1.1633	81.0696±1.2208
5	Ens+偏斜度+椭圆离心率	89.7134±0.7525	77.7329±10.4222
6	Ens+均值+狭窄度	88.8536±0.6421	77.1853±8.8634

注:Ens 为熵序列

从表 3-4 中明显可以看出,SVM 的识别率要高于 KNN 的识别率。而且从标准差的角度来看,对每一组特征进行分类实验之后,SVM 的识别率要比 KNN 的识别率更加稳定。为了更好地进行对比,我们制作了图 3-6。

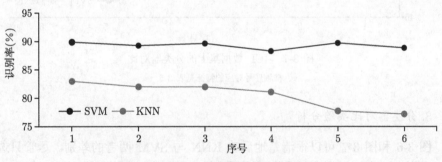

图 3-6　Flavia 数据集上的分类器对比

横轴序号对应的特征见表 3-4

由图 3-6 可以清楚地发现 KNN 与 SVM 的差别。尽管只选取了 6 组特征,每一组特征也仅仅进行了 10 次随机实验,但这仍然可以看出在进行叶片图像识别时,SVM 分类器的效果比 KNN 分类器要好。

2. ICL 数据集上的对比

使用 ICL 数据集作为实验叶片库,每一类训练、测试样本数目近似为 1∶1。对每一组特征都随机进行了 10 次实验,实验结果由识别率的均值和标准差来表示,见表 3-5。

表 3-5　ICL 数据集上的分类器对比

序号	特征	SVM 识别率 (%)	KNN 识别率 (%)
1	Ens+长/周长+狭窄度	72.3732±0.4411	0.602019±0.0035
2	Ens+相关性+椭圆离心率	69.7342±0.2777	0.561158±0.0029
3	Ens+长/周长+椭圆离心率	71.0479±0.4966	0.569885±0.0038
4	Ens+均值+椭圆离心率	69.5254±0.3377	0.559789±0.0035
5	Ens+偏斜度+椭圆离心率	72.2908±0.4702	0.570198±0.0036
6	Ens+均值+狭窄度	70.5478±0.3046	0.594975±0.0035

从表 3-5 中可以发现，采用 SVM 分类器所得的识别率要高于 KNN 分类器所得的识别率。为了更好地进行对比，我们作了图 3-7。

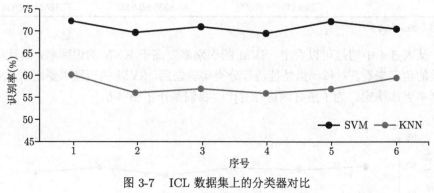

图 3-7　ICL 数据集上的分类器对比

横轴序号对应的特征见表 3-5

3. 分类器对比实验分析

图 3-6 和图 3-7 可以很清楚地反映 KNN 与 SVM 两者的差别。尽管只选取了 6 组特征，每一组特征也仅仅进行了 10 次随机实验，但这仍然可以看出在进行叶片图像识别时，SVM 分类器的效果比 KNN 分类器要好。

但是在不同叶片库中，同一个分类器的表现也有明显的差别，如图 3-8 所示。

经过分析，尽管在两个不同叶片库中进行实验时所用的参数均没有变化，但是由于 ICL 数据集有 220 类叶片，而 Flavia 数据集仅有 32 类叶片，且 Flavia 数据集中的叶片均是去叶柄之后的叶片，而 ICL 数据集中的叶片很大一部分均有叶柄，这对特征提取具有一定影响，尤其对形状特征影响较大。综上所述，ICL 数据集不仅种类远远多于 Flavia 数据集，而且叶片图像复杂，对特征提取有较大影响，造成了识别率不高。

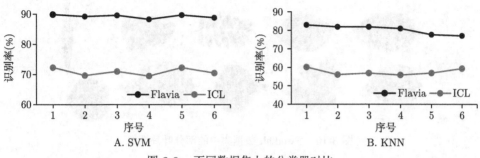

图 3-8　不同数据集上的分类器对比

横轴序号对应的特征见表 3-5

3.3　常用数据库

近年来基于图像的植物识别技术发展迅速，许多研究者都建立了数量不等的叶片样本库，这里主要介绍 4 类常用的叶片数据库以及我们自己制作的一个小型样本库。

Flavia 数据集一共有 1907 个叶片图像样本，共分为 32 类，每一类大概有 50~73 张叶片图像。这些样本图片大都来自中国长江三角洲地带。由于 Flavia 数据集里面的叶片均去除了叶柄，这对图像的特征提取很有帮助，所以被研究者广泛用于实验。其部分样本如图 3-9 所示。

图 3-9　Flavia 数据集中的部分叶片图像

Swedish 叶片数据集 (以下简称 Swedish 数据集) 由瑞典学者于 2001 年构建，共有 1125 个叶片图像，包括 15 种瑞典树木的叶子，每一类包含 75 个叶片图像。其部分样本如图 3-10 所示。

ICL 数据集是由中国科学院合肥智能机械研究所的智能计算实验室收集的。该数据集共有 16 851 个叶片样本图像，共分为 220 类，每一类大概有 26~1078 个叶片图像。其部分样本如图 3-11 所示。

图 3-10   Swedish 数据集中的部分叶片图像

图 3-11   ICL 数据集中的部分叶片图像

中欧木本植物 (Middle European Woods，MEW) 叶片数据集 (以下简称 MEW2012 数据集)[73] 是一个大型数据集，包含 153 种中欧木本植物和总共 9745 个样本。其部分样本如图 3-12 所示。

图 3-12   MEW2012 数据集中的部分叶片图像

我们也建立了一个小型的叶片样本库——兰州大学校园植物 (LZU) 叶片数据集 (以下简称 LZU 数据集)，共有 4221 个叶片图像，包括 30 种植物的叶片，每一类大概有 53~184 个叶片图像，所有的植物叶片均来自兰州大学校园。其部分样本如图 3-13 所示。

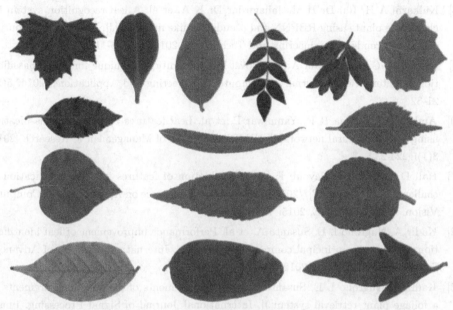

图 3-13　LZU 数据集中的部分叶片图像

参 考 文 献

[1] Du X, Wang X F, Zhang G J. Leaf shape based plant species recognition[J]. Applied Mathematics and Computation, 2007, 185(2): 883-893.

[2] 侯铜, 姚立红, 阚江明. 基于叶片外形特征的植物识别研究[J]. 湖南农业科学, 2009, 223(4): 123-125, 129.

[3] 楚晶晶. 基于显著区域检测和分水岭的无角毛类藻显微图像分割研究[D]. 青岛: 中国海洋大学硕士学位论文, 2013.

[4] Zhao Z L, Huang X Y, Yang G. Plant recognition based on leaf and bark images[J]. Journal of Computational Information Systems, 2015, 11(3): 857-864.

[5] Harish B S, Hedge A, Venkatesh O, et al. Classification of plant leaves using Morphological features and Zernike moments[C]//2013 International Conference on Advances in Computing, Communications and Informatics. Mysore: IEEE, 2013: 1827-1831.

[6] Hossain J, Amin M A. Leaf shape identification based plant biometrics[C]//2010 13th International Conference on Computer and Information Technology. Dhaka: IEEE, 2010: 458-463.

[7] Kadir A, Nugroho L, Santosa P I. Experiments of Zernike moments for leaf identification[J]. Journal of Theoretical and Applied Information Technology, 2012, 41(1): 82-93.

[8] Kulkarni A H, Rai Dr H M, Jahagirdar Dr K A, et al. A leaf recognition system for classifying plants using RBPNN and pseudo Zernike moments[J]. International Journal of Latest Trends in Engineering and Technology, 2013, 2(1): 6-11.

[9] Arunpriya C, Thanamani A S. A novel leaf recognition technique for plant classification[J]. International Journal of Computer Engineering and Applications, 2014, 5(2): 21-32.

[10] Amlekar M, Manza R R, Yannawar P, et al. Leaf features based plant classification using artificial neural network[J]. IBMRD's Journal of Management & Research, 2014, 3(1): 224-232.

[11] Hall D, McCool C, Dayoub F, et al. Evaluation of features for leaf classification in challenging conditions[C]//2015 IEEE Winter Conference on Applications of Computer Vision. Waikoloa: IEEE, 2015: 797-804.

[12] Kadir A, Nugroho L E, Susanto A, et al. Performance improvement of leaf identification system using principal component analysis[J]. International Journal of Advanced Science and Technology, 2012, 44(11): 113-124.

[13] Kadir A, Nugroho L E, Susanto A, et al. Experiments of distance measurements in a foliage plant retrieval system[J]. International Journal of Signal Processing, Image Processing and Pattern Recognition, 2012, 5: 47-60.

[14] Kalyoncu C, Toygar Ö. Geometric leaf classification[J]. Computer Vision and Image Understanding, 2015, 133: 102-109.

[15] 陈芳, 张广群, 崔坤鹏, 等. 嵌入式植物自动识别系统的设计与实现[J]. 浙江农林大学学报, 2013, 30(3): 379-384.

[16] 张娟. 基于图像分析的梅花种类识别关键技术研究[D]. 北京: 北京林业大学博士学位论文, 2011.

[17] Ghasab M A J, Khamis S, Mohammad F, et al. Feature decision-making ant colony optimization system for an automated recognition of plant species[J]. Expert Systems with Applications, 2015, 42(5): 2361-2370.

[18] Valliammal N, Geethalakshmi S N. An optimal feature subset selection for leaf analysis[J]. International Journal of Computer and Information Engineering, 2012, 6: 191-196.

[19] 王路, 张蕾, 周彦军, 等. 基于 LVQ 神经网络的植物种类识别[J]. 吉林大学学报 (理学版), 2007, 45(3): 421-426.

[20] 张蕾. 基于叶片特征的计算机自动植物种类识别研究[D]. 长春: 东北师范大学硕士学位论文, 2007.

[21] Chaki J, Parekh R. Designing an automated system for plant leaf recognition[J]. International Journal of Advances in Engineering & Technology, 2012, 2(1): 149-158.

[22]　Chaki J, Parekh R. Plant leaf recognition using shape based features and neural network classifiers[J]. International Journal of Advanced Computer Science and Applications, 2011, 2(10): 41-47.

[23]　张宁, 刘文萍. 基于克隆选择算法和 K 近邻的植物叶片识别方法[J]. 计算机应用, 2013, 33(7): 2009-2013.

[24]　Uluturk C, Ugur A. Recognition of leaves based on morphological features derived from two half-regions[C]//2012 International Symposium on Innovations in Intelligent Systems and Applications. Trabzon: IEEE, 2012: 1-4.

[25]　蔡清, 何东健. 基于图像分析的蔬菜食叶害虫识别技术[J]. 计算机应用, 2010, 30(7): 1870-1872.

[26]　Wang X F, Huang D S, Du J X, et al. Classification of plant leaf images with complicated background[J]. Applied Mathematics and Computation, 2008, 205(2): 916-926.

[27]　Wang Z B, Sun X G, Ma Y D, et al. Plant recognition based on intersecting cortical model[C]//2014 International Joint Conference on Neural Networks (IJCNN). Beijing: IEEE, 2014: 975-980.

[28]　Wu Q F, Lin K, Zhou C L. Feature extraction and automatic recognition of plant leaf using artificial neural network[C]//Proceedings of the Second International Conference on Computer Science & Education. Wuhan: Xiamen University Press, 2007.

[29]　Saitoh T, Kaneko T. Automatic recognition of wild flowers[J]. Systems and Computers in Japan, 2000, 34(10): 90-101.

[30]　Singh K, Gupta I, Gupta S. SVM-BDT PNN and Fourier moment technique for classification of leaf shape[J]. International Journal of Signal Processing, Image Processing and Pattern Recognition, 2010, 3(4): 67-78.

[31]　王晓峰, 黄德双, 杜吉祥, 等. 叶片图像特征提取与识别技术的研究[J]. 计算机工程与应用, 2006, 42(3): 194-197.

[32]　Wu S G, Bao F S, Xu E Y, et al. A leaf recognition algorithm for plant classification using probabilistic neural network[C]//2007 IEEE International Symposium on Signal Processing and Information Technology. Giza: IEEE, 2008: 11-16.

[33]　阚江明, 王怡萱, 杨晓微, 等. 基于叶片图像的植物识别方法[J]. 科技导报, 2010, 28(23): 81-85.

[34]　李先锋. 基于特征优化和多特征融合的杂草识别方法研究[D]. 镇江: 江苏大学博士学位论文, 2010.

[35]　姚宇飞. 基于分形维数的叶片识别方法研究[D]. 北京: 北京林业大学硕士学位论文, 2011.

[36]　Janani R, Gopal A. Identification of selected medicinal plant leaves using image features and ANN[C]//2013 International Conference on Advanced Electronic Systems (ICAES). Pilani: IEEE, 2013: 238-242.

[37]　乔永亮. 田间杂草多光谱图像识别技术与方法研究[D]. 杨凌: 西北农林科技大学硕士学位论文, 2013.

[38]　Elhariri E, El-Bendary N, Hassanien A E. Plant classification system based on leaf features[C]//2014 9th International Conference on Computer Engineering & Systems (ICCES). Cairo: IEEE, 2015: 271-276.

[39]　任东. 基于支持向量机的植物病害识别研究[D]. 长春: 吉林大学博士学位论文, 2007.

[40]　朱晓芳. 基于支持向量机的田间杂草识别方法研究[D]. 镇江: 江苏大学硕士学位论文, 2010.

[41]　袁津生, 姚宇飞. 基于分形维度的叶片图像识别方法[J]. 计算机工程与设计, 2012, 33(2): 670-673.

[42]　魏蕾, 何东健, 乔永亮. 基于图像处理和 SVM 的植物叶片分类研究[J]. 农机化研究, 2013, 35(5): 12-15.

[43]　Ahmed F, Al-Mamun H A, Bari A S M H, et al. Classification of crops and weeds from digital images: a support vector machine approach[J]. Crop Protection, 2012, 40: 98-104.

[44]　贺鹏, 黄林. 植物叶片特征提取及识别[J]. 农机化研究, 2008, 158(6): 168-170, 199.

[45]　黄林, 贺鹏, 王经民. 基于概率神经网络和分形的植物叶片机器识别研究[J]. 西北农林科技大学学报 (自然科学版), 2008, 36(9): 212-218.

[46]　林大辉, 陈秋妹, 宁正元. 基于支持向量机的栗属树种分类研究[J]. 莆田学院学报, 2009, 16(5): 39-42, 46.

[47]　张娟, 黄心渊. 基于图像分析的梅花品种识别研究[J]. 北京林业大学学报, 2012, 34(1): 96-104.

[48]　龙满生. 玉米苗期杂草识别的机器视觉研究[D]. 杨凌: 西北农林科技大学硕士学位论文, 2002.

[49]　Abirami S, Ramalingam V, Palanivel S. Species classification of aquatic plants using GRNN and BPNN[J]. AI & Society, 2014, 29(1): 45-52.

[50]　Al Bashish D, Braik M, Bani-Ahmad S. A framework for detection and classification of plant leaf and stem diseases[C]//2010 International Conference on Signal and Image Processing. Chennai: IEEE, 2011: 113-118.

[51]　Kadir A, Nugroho L E, Susanto A, et al. Neural network application on foliage plant identification[EB/OL]. arXiv:1311.5829, 2013. https://arxiv.org/abs/1311.5829 [2023-06-30].

[52]　Song X Y, Li Y J, Chen W F. A textural feature-based image retrieval algorithm[C]//2008 Fourth International Conference on Natural Computation. Jinan: IEEE, 2008: 71-75.

[53]　Pydipati R, Burks T F, Lee W S. Identification of citrus disease using color texture features and discriminant analysis[J]. Computers and Electronics in Agriculture, 2006, 52: 49-59.

[54]　Sathwik T, Yasaswini R, Venkatesh R, et al. Classification of selected medicinal plant leaves using texture analysis[C]//2013 Fourth International Conference on Computing, Communications and Networking Technologies (ICCCNT). Tiruchengode: IEEE, 2014: 1-6.

[55]　Shabanzade M, Zahedi M, Aghvami S A. Combination of local descriptors and global features for leaf recognition[J]. Signal & Image Processing: An International Journal, 2011, 2(3): 23-31.

[56]　Ma Y D, Dai R L, Li L, et al. Image segmentation of embryonic plant cell using pulse-coupled neural networks[J]. Chinese Science Bulletin, 2002, 47: 169-173.

[57]　Wang Z B, Sun X G, Zhang Y N, et al. Leaf recognition based on PCNN[J]. Neural Computing and Applications, 2016, 27(4): 899-908.

[58]　Nilsback M E, Zisserman A. Automated flower classification over a large number of classes[C]//2008 Sixth Indian Conference on Computer Vision, Graphics & Image Proce-ssing. Bhubaneswar: IEEE, 2009: 722-729.

[59]　Amin A H M, Khan A I. One-shot classification of 2-D leaf shapes using distributed hierarchical graph neuron (DHGN) scheme with k-NN classifier[J]. Procedia Computer Science, 2013, 24: 84-96.

[60]　Zhang S W, Feng Y Q. Plant leaf classification using plant leaves based on rough set[C]//2010 International Conference on Computer Application and System Modeling (ICCASM 2010). Taiyuan: IEEE, 2010: 525.

[61]　叶福玲. 基于小波矩和叶形特征的叶片识别[J]. 福建工程学院学报, 2014, 12(1): 79-82.

[62]　杜吉祥, 汪增福. 基于径向基概率神经网络的植物叶片自动识别方法[J]. 模式识别与人工智能, 2008, 21(2): 206-213.

[63]　Ojala T, Pietikäinen M, Harwood D. A comparative study of texture measures with classification based on featured distributions[J]. Pattern Recognition, 1996, 29(1): 51-59.

[64]　Ojala T, Pietikainen M, Maenpaa T. Multiresolution gray-scale and rotation invari-ant texture classification with local binary patterns[J]. IEEE Transactions on Pattern Analysis and Machine Intelligence, 2002, 24(7): 971-987.

[65]　Haralick R M, Shanmugam K, Dinstein I. Textural features for image classification[J]. IEEE Transactions on Systems, Man, and Cybernetics, 1973, SMC-3(6): 610-621.

[66]　Narayan V, Subbarayan G. An optimal feature subset selection using GA for leaf clas-sification[J]. The International Arab Journal of Information Technology, 2014, 11(5): 447-451.

[67]　Hsiao J K, Kang L W, Chang C L, et al. Comparative study of leaf image recognition with a novel learning-based approach[C]//2014 Science and Information Conference. London: IEEE, 2014: 389-393.

[68]　Kruse O M O, Prats-Montalbán J M, Indahl U G, et al. Pixel classification methods for identifying and quantifying leaf surface injury from digital images[J]. Computers and Electronics in Agriculture, 2014, 108: 155-165.

[69]　Saitoh T, Kaneko T. Automatic recognition of wild flowers[C]//Proceedings 15th In-ternational Conference on Pattern Recognition. ICPR-2000. Barcelona: IEEE, 2002: 507-510.

[70] Mahdikhanlou K, Ebrahimnezhad H. Plant leaf classification using centroid distance and axis of least inertia method[C]//2014 22nd Iranian Conference on Electrical Engineering (ICEE). Tehran: IEEE, 2015: 1690-1694.

[71] Husin Z, Shakaff A Y M, Aziz A H, et al. Embedded portable device for herb leaves recognition using image processing techniques and neural network algorithm[J]. Computers and Electronics in Agriculture, 2012, 89: 18-29.

[72] 龚丁禧, 曹长荣. 基于卷积神经网络的植物叶片分类[J]. 计算机与现代化, 2014, (4): 12-15, 19.

[73] Novotný P, Suk T. Leaf recognition of woody species in Central Europe[J]. Biosystems Engineering, 2013, 115(4): 444-452.

第 4 章　基于 PCNN 的识别方法

识别系统的关键步骤是特征提取。提取的特征的质量直接关系到识别系统的效果。本章首先综述了脉冲耦合神经网络 (pulse coupled neural network，PCNN) 研究的由来及现状，然后介绍我们提出的基于 PCNN 模型提取特征的植物识别方法。

Eckhorn 在 20 世纪 90 年代基于猫的视觉原理构建了一种简化神经网络模型，称作 PCNN。与 BP、Kohonen 等神经网络相比，PCNN 可以不经训练就能提取一些复杂背景下的有效信息，在图像处理方面有着独特的优越性，在信号形式、处理机制方面也更加符合人类视觉神经系统的生理学基础。PCNN 是 20 世纪神经网络理论发展的一座里程碑，可应用于图像分割、平滑、降噪等。兰州大学的马义德教授对 PCNN 进行了很长时间的研究，发表了许多相关论文，并且有两本相关著作:《脉冲耦合神经网络原理及其应用》和《脉冲耦合神经网络与数字图像处理》。

为了将 PCNN 模型更好地应用于数字图像处理和模式识别等众多领域，学者们结合实际应用提出了一些改进模型，如脉冲发放皮层模型 (spiking cortical model，SCM)、交叉视觉皮层模型 (intersecting cortical model，ICM)、双输出脉冲耦合神经网络 (dual-output pulse coupled neural network，DPCNN) 模型等。将 PCNN 模型应用于植物叶片图像识别领域，主要是利用 PCNN 对叶片图像进行多次迭代，进而产生一种多值特征——熵序列。

4.1　PCNN

4.1.1　概述

1943 年，美国心理学家 McCulloch 和数理逻辑学家 Pitts 建立了世界上第一个原始的神经元数学模型 (即 MP 模型)。自此，开创了人工神经网络研究的时代。此后数十年间，人们在人工神经网络的研究方面取得了突飞猛进的发展。

20 世纪 80 年代末，Gray 等发现哺乳动物大脑皮层的视觉区有神经激发相关振荡现象 [1]，同时 Eckhorn 等在对猫的视觉皮层进行研究时发现，在猫的中脑处存在同步脉冲发放现象 [2-4]。在以后的研究中他们发现利用此现象可以解释猫的视觉形成原理。于是，他们根据此现象并结合相关知识，提出了 Eckhorn 神经元

模型[2,3]。该模型可以有效地模拟同步脉冲发放现象。20 世纪 90 年代初，Rybak 及
其同事在研究猪的视觉皮层的时候也发现了类似的现象。他们还提出了自己的神
经元模型，即 Rybak 模型[5,6]。Eckhorn 模型与 Rybak 模型的相继提出为 PCNN
的诞生奠定了坚实的实验基础。

由于 Eckhorn 模型与 Rybak 模型为人们研究同步脉冲的动态变化提供了一
种简单有效的方法，引起了人们的广泛关注。Johnson 等基于 Eckhorn 模型与
Rybak 模型，并结合现有神经网络的特点，对这两个模型进行了整合，进而提出
了一个改进型神经网络，即脉冲耦合神经网络 (PCNN)[7-10]。该网络无须训练，具
有相似状态的神经元同时点火的特性。Izhikevich 等对 PCNN 模型从较严格数
学角度进行了分析，证明实际生物细胞模型与 PCNN 模型是一致的[11,12]。这为
PCNN 理论及其应用研究奠定了坚实的数学基础。

自从 20 世纪 90 年代，PCNN 模型被正式提出之后，人们对于该模型本身的
研究一直就没有间断过。对于 PCNN 的研究方式大致可分为两类：一类是面向应
用的研究，其研究思路是尝试着将现有或自己改进的 PCNN 模型应用到各自感
兴趣的研究领域中去；另一类是理论探索研究，其研究思路是完善理论基础和挖
掘模型新的特性。纵观这些年相关的文献资料，可以发现，前者文献居多，后者
的文献相对缺乏一些，即 PCNN 理论研究明显滞后于应用研究。

4.1.2 PCNN 模型

Johnson 等提出的模型称为标准模型，其他模型均称为改进模型。所有的改
进模型都是从标准模型演化来的。这里将首先介绍一下标准模型，然后再介绍一
些有影响的改进模型。

1. 标准模型

脉冲耦合神经网络 (PCNN) 是最原始的 PCNN 模型。标准 PCNN 模型是一
种反馈网络，通过对脉冲耦合神经元横向连接而形成。该网络是由若干个神经元
组成，其大小是可以根据具体的应用环境灵活设定的。为了更好地了解 PCNN 的
性能，我们先从最简单的神经元说起。标准 PCNN 的神经元数学模型如式 (4.1) ～
式 (4.5) 所示。

$$F_{ij}[n] = \mathrm{e}^{-\alpha_\mathrm{F}} F_{ij}[n-1] + S_{ij} + V_\mathrm{F} \sum_{kl} (W_{ijkl} Y_{kl}[n-1]) \tag{4.1}$$

$$L_{ij}[n] = \mathrm{e}^{-\alpha_\mathrm{L}} L_{ij}[n-1] + V_\mathrm{L} \sum_{kl} (M_{ijkl} Y_{kl}[n-1]) \tag{4.2}$$

$$U_{ij}[n] = F_{ij}[n](1 + \beta L_{ij}[n]) \tag{4.3}$$

$$Y_{ij}[n] = \begin{cases} 1, & U_{ij}[n] > T_{ij}[n] \\ 0, & U_{ij}[n] \leqslant T_{ij}[n] \end{cases} \tag{4.4}$$

$$T_{ij}[n+1] = e^{-\alpha_T} T_{ij}[n] + V_T Y_{ij}[n] \tag{4.5}$$

式中，下标 ij、kl 分别表示第 (i,j)、第 (k,l) 个神经元；n 为图像的迭代次数；S_{ij} 为神经元的外部激励，如像素的亮度值等；V_F、V_L 及 V_T 为标准化常量；α_F、α_L 和 α_T 均为衰减系数。$F_{ij}[n]$ 表示神经元的反馈输入通道；W_{ijkl} 和 M_{ijkl} 表示周围神经元对当前神经元的影响情况；β 为连接系数；$L_{ij}[n]$ 表示神经元的另一个输入通道——连接通道；$U_{ij}[n]$ 表示神经元的内部活动状态；$T_{ij}[n]$ 表示神经元的点火阈值；$Y_{ij}[n]$ 表示神经元的输出，一般而言神经元的输出是 0 或 1。

　　PCNN 应用于图像处理领域时，图像中的像素与 PCNN 的神经元一一对应。每个神经元均位于 N 阶权值矩阵的中心 (一般 $N=3$)。PCNN 的每一个神经元都是具有动态脉冲发放特性的动态神经元。PCNN 各个神经元在进行迭代时的点火周期并不相同，其动态阈值在一段时间内按照相应的周期衰减，只有满足当动态阈值 T 小于内部活动项 U 时，PCNN 才能够动态发放脉冲。

　　神经元内部的连接与通信模式对整个网络性能的影响非常大，因此，设置内部连接参数 (w_{ijkl} 和 m_{ijkl}) 时要特别谨慎。不过，大部分文献还是采用高斯距离加权函数作为内部连接的方式。该连接方式只与两神经元的距离有关系，随着距离的增加，连接方式对当前神经元产生的影响也就越小。另外，对整个网络性能影响比较大的参数还有连接系数 (β) 的设置、指数衰减因子 (α_F、α_L 和 α_T) 和内部电位常数 (V_F、V_L 和 V_T)。其中，连接系数的设置比较灵活，如强连接和弱连接。设置方式也比较多，如人工设置和其他各种各样的自适应设置方法。从过去十几年的文献资料来看，人们对自适应 PCNN 的研究大多数均集中在对于该参数的自适应设置上。指数衰减因子的影响最直接反映在有关数据的衰减快慢。一般而言，大的衰减因子必然导致数据迅速衰减，不利于细致地处理数据。而小的衰减因子也会使网络陷入漫长的迭代处理状态，需耗费大量时间。因此，数据处理效率与精度之间是不可兼得的。具体应用时必须根据实际情况作权衡处理。

2. 工作原理

　　上面阐述了 PCNN 神经元的数学模型以及相关变量参数的含义，这一部分将着重介绍神经元的工作原理，即 PCNN 神经元是如何处理数据的。接着叙述由单个神经元组成的神经网络所具有的一些特性。

　　PCNN 神经元结构如图 4-1 所示。由图 4-1 可以看出，该神经元由三部分构成。第一部分为数据输入，该部分的主要作用是收集来自神经元外部以及周围神经元的数据；第二部分是数据连接，其作用是将前一部分收集的数据运送到神经元的内部活动项中；第三部分为输出数据产生，在这一部分里，首先将内部活动项里的数据与此时神经元自身的点火阈值比较，以决定输出数据，而后再将输出的数据传送到周围神经元的数据输入部分，进而完成一次完整的数据处理过程。

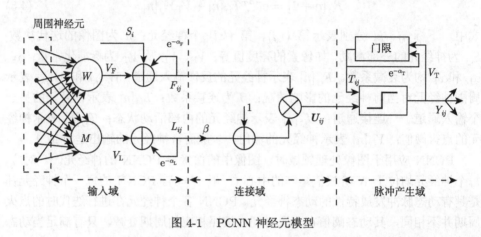

图 4-1　PCNN 神经元模型

　　因此，单个神经元的工作过程叙述如下。神经元首先经过两个数据通道的前端收集来自周围神经元和外部的数据，经数据通道传送到神经元内部的数据区。接着神经元将这些数据与当前自身的动态阈值进行比较，大于当前阈值就输出 1，否则就输出 0。而后自身的动态阈值进行更新，同时，输出的数据也被传送到周围神经元中。接着就又重复刚才所说的处理过程。虽说是重复同样的过程，但是由于在此过程中受周围神经元的影响，阈值不断地更新变化，所以每次重复处理的输出数据并不完全相同。

　　与传统的人工神经网络一样，仅一个神经元由于功能单一，故而用处似乎不大。但是如果组成神经网络，该网络的整体性能就变得相当强大。这也是人们对 PCNN 感兴趣的重要原因所在。

　　PCNN 网络的特性较多，但归结起来也就两大特性，即同步激发特性和指数衰减特性。首先说一下同步激发特性，也称为同步脉冲发放特性，是指在同一区域内具有相似状态的神经元能够同时点火并释放出相同的脉冲信号。几乎所有与 PCNN 应用有关的研究均使用了该特性。尤其是在图像分割领域，该特性的优越性尤为突出。指数衰减特征也是 PCNN 的另一重要性质。它指的是 PCNN 里的数据 (如阈值) 衰减方式是以指数方式衰减的。而这一特性与人类的视觉特性相当吻合。因而也说明 PCNN 处理数据的方式与人眼的数据处理方式类似。

　　PCNN 与传统网络很大的区别是不需要预先训练就可以直接处理数据，这是 PCNN 的诸多优点之一。事实上，这一性质为使用者带来方便的同时，也带来了一定的不利影响。主要表现在 PCNN 缺乏对现有知识的学习，即 PCNN 没有对先前知识的记忆能力。这在一定程度上也阻碍了 PCNN 在更多领域的应用。

3. 改进模型

自从 PCNN 产生以来，人们都在积极地将其应用到各自感兴趣的研究领域。在此过程中，研究人员本着高效实用的理念提出了各式各样的改进模型。这部分将介绍几种经常使用的改进模型。

(1) 交叉视觉皮层模型

交叉视觉皮层模型 (intersecting cortical model，ICM)[13] 是基于视觉皮层的模型。ICM 是 PCNN 模型的简化，相比 PCNN 模型，ICM 没有连接输入。当 ICM 应用于图像处理时，在保持了皮层模型有效性的同时，又减少了计算成本。ICM 继承了 PCNN 模型的一些特性，同样具有旋转、尺度、平移等不变性，对噪声也具有很好的鲁棒性，适用于图像特征提取。ICM 由一个耦合振荡器 (图 4-2)、少量的连接和一个非线性函数组成，ICM 是由式 (4.6)~式 (4.8) 进行数学描述的。

$$F_{ij}[n+1] = fF_{ij}[n] + S_{ij} + W\{Y_{ij}[n]\} \tag{4.6}$$

$$Y_{ij}[n+1] = \begin{cases} 1, & F_{ij}[n+1] > \theta_{ij}[n] \\ 0, & F_{ij}[n+1] \leqslant \theta_{ij}[n] \end{cases} \tag{4.7}$$

$$\theta_{ij}[n+1] = g\theta_{ij}[n] + hY_{ij}[n+1] \tag{4.8}$$

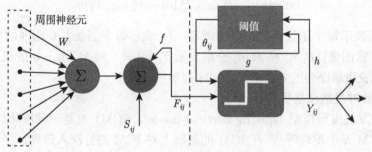

图 4-2　ICM 神经元的结构

所有神经元耦合的状态是由一个二维数组 F 表示的，所有神经元的阈值振子是由一个二维数组 θ 表示。因此，第 ij 个神经元有状态 F_{ij} 和阈值 θ_{ij}，由式 (4.6) 和式 (4.7) 得到。

在这些公式中，S 是刺激 (输入图像经过缩放使最大像素值为 1)，Y 是神经元的发射状态 (输出图像)。f、g 和 h 都是标量，n 表示迭代次数。神经元之间的连接通过函数 $W\{\cdot\}$ 描述，通常是由一个卷积核与输入图像进行卷积来实现。标量 f 和 g 是衰减常数，标量 h 是一个较大的数，神经元激发时极大地增加了阈值。激发状态由式 (4.7) 计算得到。ICM 的输出是二值图像 $Y[n]$，这些图像通过 n 个神经脉冲的迭代产生，也叫作脉冲图像。ICM 的参数通常根据经验设定。

由于 ICM 由 3 个简单的方程构成，每个神经元有一个振荡器和一个非线性操作，当神经元收到刺激时，每个神经元能够产生一个尖峰脉冲序列，大量本地连接的神经元能够同步脉冲活动。当有图像刺激时，这些集体表示了刺激图像的固有部分。因此，ICM 将成为在处理特征提取时的一个有力工具。

此外，ICM 可以尽可能地避免本地错误信息对识别结果的不良影响，其原因是 ICM 处理的是整个图像。当 ICM 运行时，它将从输入图像创建一组脉冲图像如图 4-3 所示。一般来讲，各种性状都可以从脉冲图像得到。Kinser 指出这些脉冲模式取决于图像的纹理。换句话说，从理论上讲，这些脉冲模式对于原始图像是唯一的。

图 4-3　典型脉冲图像

因此，从这些图像得到的熵序列对于刺激图像也是唯一的。马义德提出了熵序列的概念 (Ens[n])[14]，其定义式如下

$$\mathrm{Ens}[n] = -P_1 \log_2 P_1[n] - P_0 \log_2 P_0[n] \tag{4.9}$$

式中，P_1 表示每个图像中 1 出现的概率；P_0 表示每个图像中 0 出现的概率；$[n]$ 表示第 n 张图像；$P_1[n]$ 和 $P_0[n]$ 分别表示 $Y_{ij}[n] = 1$ 和 $Y_{ij}[n] = 0$ 的概率，而且大量实验表明熵序列的效果要比时间序列等特征好。

(2) 脉冲发放皮层模型

脉冲发放皮层模型 (spiking cortical model，SCM) 也是一种简化的 PCNN 模型。SCM 是由绽琨等 [15] 在 ICM 的基础上对 ICM 进行深入研究后提出的。该模型可以较好地提取图像中的特征，在图像检索方面有着很好的应用前景。其神经元结构如图 4-4 所示。SCM 的数学描述为式(4.10) ~ 式(4.11)。

$$F_{ij}[n] = f F_{ij}[n-1] + S_{ij} + S_{ij} \sum_{kl} (W_{ijkl} Y_{kl}[n-1]) \tag{4.10}$$

$$Y_{ij}[n] = \begin{cases} 1, & F_{ij}[n] > E_{ij}[n-1] \\ 0, & F_{ij}[n] \leqslant E_{ij}[n-1] \end{cases} \tag{4.11}$$

$$E_{ij}[n] = g E_{ij}[n-1] + h Y_{ij}[n] \tag{4.12}$$

式中，f、g 和 h 的意义跟在 ICM 中的意义相同。SCM 与 ICM 的主要区别在于输入部分。当活动阈值 E 小于反馈输入 F 时，SCM 的神经元点火产生输出脉冲。

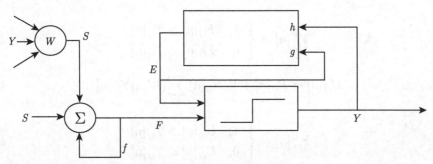

图 4-4　SCM 神经元的结构

(3) DPCNN 模型

双输出脉冲耦合神经网络 (dual-output pulse coupled neural network，DPCNN) 模型，是 PCNN 的一种改进模型。PCNN 提取特征尽管能够有效表示图像的纹理，但是仍有一定的局限性。主要表现在 3 个方面：

1) 脉冲发生器只有一个，缺乏对神经元激励的补偿机制；

2) 周围神经元对当前神经元的影响并没有考虑到输入激励本身的影响；

3) 它的外部激励一直处于不变状态中。

为此，DPCNN 模型对标准 PCNN 模型进行了一些修改。由图 4-5 可以发现，首先，DPCNN 有两个脉冲发生器；其次，外部激励控制 DPCNN 周围神经元对当前神经元的局部刺激；最后，DPCNN 中神经元的外部激励随当前输出值的变化而变化。

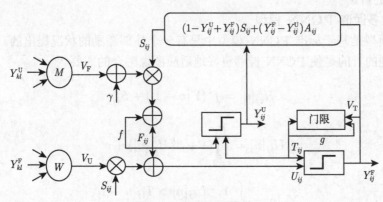

图 4-5　DPCNN 模型

DPCNN 模型数学表达式为式(4.13) ~ 式(4.18)。

$$F_{ij}[n] = fF_{ij}[n-1] + S_{ij}\{V_F \sum_{kl}(W_{ijkl}Y_{kl}^U[n-1]) + \gamma\} \qquad (4.13)$$

$$Y_{ij}^F[n] = \begin{cases} 1, & F_{ij}[n] > T_{ij}[n] \\ 0, & F_{ij}[n] \leqslant T_{ij}[n] \end{cases} \qquad (4.14)$$

$$U_{ij}[n] = F_{ij}[n] + V_U S_{ij}[n] \sum_{kl}(W_{ijkl}Y_{kl}^F[n]) \qquad (4.15)$$

$$Y_{ij}^U[n] = \begin{cases} 1, & U_{ij}[n] > T_{ij}[n] \\ 0, & U_{ij}[n] \leqslant T_{ij}[n] \end{cases} \qquad (4.16)$$

$$T_{ij}[n+1] = gT_{ij}[n] + V_T Y_{ij}^U[n] \qquad (4.17)$$

$$S_{ij}[n+1] = (1 - Y_{ij}^U[n] + Y_{ij}^F[n])S_{ij}[n] + (Y_{ij}^U[n] - Y_{ij}^F[n])A_{ij} \qquad (4.18)$$

式中，f 和 g 均为衰减系数，并且 $f<1$，$g<1$；V 表示标准化常量；S 表示外部激励；W 表示神经元与相邻神经元之间的连接权重；A 是校正值；γ 为决定外部输入激励强度的一个常量；Y^F 为反馈输出值；Y^U 是通过比较活动阈值 E 与内部活动项 U 得到的补偿输出值。

由 DPCNN 模型及其数学表达式可以发现，在 DPCNN 模型中，每一个神经元都可以当作活动神经元。首先，在受到外部激励及邻域神经元补偿输出的影响时，F_{ij} 发生改变，一旦 $F_{ij}>U_{ij}$，神经元就产生反馈输出脉冲。其次，内部活动项 U_{ij} 的值是由来自邻域神经元的反馈输出、反馈输入以及外部激励共同作用来改变的，并且当 $U>E$ 时，就产生补偿输出脉冲。最后，活动阈值 E 及外部激励值 S 被更新。

(4) 多通道 PCNN 模型

该模型是基于标准 PCNN 模型中只有一个外部激励的状况提出的。起初设计该模型的目的是使 PCNN 能够更好地适应图像融合的需要[16]。

$$H_{ij}^k[n] = f^k(Y[n-1]) + S_{ij}^k \qquad (4.19)$$

$$U_{ij}[n] = \prod_{k=2}^{K}(1 + \beta^k H_{ij}^k[n]) + \sigma \qquad (4.20)$$

$$Y_{ij}[n] = \begin{cases} 1, & U_{ij}[n] > T_{ij}[n-1] \\ 0, & U_{ij}[n] \leqslant T_{ij}[n-1] \end{cases} \qquad (4.21)$$

$$T_{ij}[n] = \exp(-\alpha_{\mathrm{T}})T_{ij}[n-1] + V_{\mathrm{T}}Y_{ij}[n] \tag{4.22}$$

除了上述介绍的几个模型之外, 还有其他一些改进或简化模型 [17-21], 如三态层叠 PCNN 模型、竞争性 PCNN 模型、单位链接 (Unit-linking) PCNN 模型等。

4.1.3　在图像处理领域的应用

图像处理是 PCNN 最重要的应用领域, 关于这方面的文章资料也是最多的。现将从图像分割、图像去噪、目标检测、特征提取、图像增强、图像融合以及其他应用等方面进行阐述。其中, 图像分割、图像去噪和图像融合主要涉及的是图像预处理技术。

1. 图像分割

图像分割是图像分析的基础, 也是图像处理与分析领域的研究热点和难点。PCNN 以其出众的同步脉冲激发机制在图像分割方面得到广泛应用和好评。所谓同步脉冲激发机制, 简单地说就是空间位置相邻的神经元在具有相似外部激励的情况下能够同时发出脉冲信息 [22]。因此, 对于由相似区域构成的图像而言, 只要条件合适, PCNN 就可以对其进行近乎完美的分割处理。

纵观现有的文献, 基于 PCNN 的图像分割算法可以大致归纳为两类: 常规图像分割算法和自适应图像分割算法。所谓常规图像分割算法是指该算法在进行分割图像的过程中, 需要外界的干预或配合才能顺利地完成。即在图像分割过程中需要人或多或少地参与其中。相对于常规图像分割算法而言, 自适应图像分割算法指该算法能够根据图像内容自适应地调整参数以达到较好分割的目的。整个过程不需要外界的介入。

对于常规的图像分割, 2002 年 Kuntimad 和 Ranganath 提出的算法堪称经典 PCNN 图像分割算法 [22]。他们不但详细论述了 PCNN 分割原理, 而且还指出 PCNN 在图像分割中的巨大应用潜力。文献 [23] 提出了多层 PCNN 模型, 利用此模型可以有效地分割相似谱信息。区域生长算法是一个快速有效的无参数图像分割技术。但是每个区域的初始位置需要事先设定。在此情况下, 文献 [24] 提出了一种基于 PCNN 的区域生长算法, 该方法先利用 PCNN 分割出区域的初始生长点, 然后利用该生长点进行后续的区域生长分割。该方法兼顾了 PCNN 和区域生长算法的优点, 取得了较好的分割效果。其他基于 PCNN 分割的应用还有很多 [25-31]。例如, 文献 [20] 使用改进的 PCNN 模型分割目标的背景。

对于自适应图像分割算法而言, 首先要解决的是相关参数的自适应确定, 其中迭代次数的自适应选定到目前为止都没有彻底解决。造成这一状况的主要原因是 PCNN 参数众多, 而且彼此都对输出产生或多或少的影响。此外, 现有的图像分割评价方法不能有效地反映分割后的效果, 也是原因之一。这一切使得 PCNN 自适应分割算法的研制步履艰难。尽管这样，人们还是尝试着提出各种各样的方法克服困难。人们首先提出了迭代终止规则以解决网络的自动终止问题。对于 PCNN 参数多的问题，人们通常的做法是通过改进模型来减少次要参数保留关键参数。

作者所在的科研团队首先提出了基于熵序列的 PCNN 迭代终止规则，并将其应用在植物细胞图像的分割上，取得了很好的效果 [14,32]。此方法后来被很多人引用，比如，文献 [33] 在算法中就使用了该终止规则。在熵序列规则的基础上，文献 [34] 还进一步提出了基于交叉熵的自动分割方案。文献 [35] 将输入图像的灰度值经过一定的变换来自动调整模型中的参数进而实现图像的自适应分割。文献 [36] 则通过计算 PCNN 输出图像的边缘来完成图像的分割。文献 [37] 则是通过计算水域面积的方法进行自动分割。文献 [38,39] 运用优化算法 (如遗传算法和误差逆传播学习算法) 来进行 PCNN 参数的优化求解。文献 [40] 也对 PCNN 的参数确定问题进行了研究，并将其应用到眼底图像中，取得了不错的效果。

2. 图像去噪

PCNN 作为出色的图像预处理工具，在图像去噪方面也有着相当好的表现。尤其是在去除椒盐噪声方面效果出众。当然 PCNN 对于高斯噪声也有较好的处理效果。这些良好效果主要得益于 PCNN 的同步脉冲激发机制。由于噪声所处位置与周围像素存在着明显的不和谐，主要表现为比周围像素亮或暗。利用这一点就可以使用 PCNN 去噪。其基本原理是：噪声点处的神经元与周围神经元的状态不一致，当噪声点是亮点时，其神经元将首先点火，而周围的则不点火，进而完成噪声点的检测。当噪声表现为暗点时，周围神经元将先点火，噪声点将在满足条件的时候才能点火，进而把噪声点检测出来。把噪声点找出来后，就可以去除掉。

噪声一般分为两大类，即椒盐噪声与高斯噪声。受椒盐噪声污染的图像表现为部分像素点过亮或过暗。而受高斯噪声污染的图像则整个图像的质量都受到影响。因此，相对于椒盐噪声，高斯噪声不易被处理干净。PCNN 去除噪声的策略各异，现将逐一介绍。

作者所在的科研团队在图像去噪方面做了大量的工作。例如，他们一方面结合中值滤波算法和 PCNN 去除图像中的高斯噪声 [41]；另一方面将数学形态学的方法与 PCNN 结合提出噪声图像的去除方法 [42]。此外，他们还利用赋时矩阵进行图像去噪 [43]。

中值滤波算法可有效去除椒盐噪声，但它会模糊图像中的边缘信息。Ranganath 最初提出了一个基于 PCNN 的图像去噪算法，该算法可以逐个修正受椒盐噪声污染的像素 [8]。不过该算法比较耗时。鉴于此，文献 [44] 设计了一个基于改进 PCNN 的椒盐噪声滤波算法，该算法不但可以有效地去除椒盐噪声而且也尽可能地不损害边缘信息。对于椒盐噪声与高斯噪声的混合噪声，文献 [45] 提出了一种两步去噪的算法。此外，Chacon 和 Zimmerman 利用赋时矩阵作为选择滤波器去除噪声[46]。文献 [47] 结合 PCNN 与模糊算法去除噪声。文献 [48] 则结合数学形态学取得了很好的去噪效果。张军英等结合自适应中值滤波器去除椒盐噪声[49,50]。而粗集理论与 PCNN 的结合也可以有效地去除图像中的噪声[51]。

3. 目标检测

由于 PCNN 出色的分割能力，人们也将其应用到目标与边缘检测方面，取得了不错的效果。Ranganath 和 Kuntimad 基于 PCNN 设计了一个目标检测系统，还阐述了 PCNN 在目标和边缘检测方面的可行性及潜力[52]。该系统首先使用 PCNN 对图像进行平滑处理以消除噪声，然后再用 PCNN 分割出感兴趣的目标。与此类似，文献 [53] 使用 PCNN 进行了运动检测。Wolfer 等用 PCNN 增强待处理的超声图像，然后再对增强后的图像进行边缘检测[54]。Berthe 等设计了一种从有噪图像提取目标与边缘的自动化系统，系统中使用了混合 PCNN 小波模型 (PCNNW)[55]。文献 [56] 针对特殊的放射图像提出了一种基于 PCNN 的地标检测系统。对于双眼立体视觉图像，Ogawa 等构建了三维 PCNN 模型并用于差异检测[57]。另外，其他改进模型 (如 ICM[58]) 也用于变化检测[20] 和方位检测[59]。

4. 特征提取

在特征提取方面，PCNN 的应用潜力主要表现在其出色的特征提取能力。最初有这个想法的是 McClurkin 等，他们使用 PCNN 对其获取的生物图像进行特征提取。同时他们还对不同输入图像的神经响应进行了分析，指出神经元的输出响应与输入图像呈对应关系[60]。此后，关于这方面的文献大量涌现出来。在分析已有文献的基础上，这里将按照 PCNN 提取特征的方式进行分别叙述。

(1) 时间序列

Johnson 首先提出了时间序列的概念，并证明了时间序列具有几何不变性，即位移、放缩、旋转、光线亮度不变性[61,62]。时间序列将二维数据转化成了一维数据，实现了维数的压缩，当然也大大减少了数据量。从某种意义上说，时间序列是图像的一种高效描述手段。时间序列 $G[n]$ 的计算方法如下

$$G[n] = \sum_{i,j} Y_{ij}[n] \tag{4.23}$$

因此，它比较适用于图像特征提取与模式识别这样的领域。Rughooputh 等使用他们改进的 PCNN 模型进行视频图像的监控[63]，并将该改进的 PCNN 模型布置到法院使用[64]。他们还利用 PCNN 进行导航标志的识别[65]。Waldemark 等则利用 PCNN 处理与分析卫星图像[66]，甚至应用于机载侦察图像和导弹图像[67]。

Beanovi 结合 PCNN 和 SOM 对图像目标进行分类 [68]。Murean 利用 PCNN 和离散傅里叶变换实现了目标识别 [69]。Nazmy 等使用 PCNN 和数学形态学完成了对牙齿放射图像的分类处理 [70]。另外，文献 [71-73] 介绍了一些时间序列的其他应用。

(2) 熵序列

熵序列是在研究 PCNN 终止条件时提出来的 [14,32]，其计算方法如式 (4.24)。

$$\text{En}[n] = \text{Entropy}(Y[n]) \tag{4.24}$$

式中，Entropy(·) 表示图像的熵值；n 为迭代次数。

经研究发现，熵序列与时间序列有着极其相似的特性，比如说，熵序列也具有一定的旋转、放缩和位移不变性[74,75]。因此，它也可以用于特征提取和模式识别。例如，文献 [75] 利用熵序列提出了一种基于内容的图像检索算法，而文献 [76,77] 将其应用到虹膜识别中。

(3) 其他

除了上述两种方法外，人们还提出了其他的方法。比如说，Godin 等将统计分析方法引入到 PCNN 模型中，进一步提高了手写体数字识别的准确性 [78]。Allen 等则提出一种与统计模式识别很相似的 PCNN 识别算法 [79]。文献 [80] 结合 LVQ 网络和 PCNN 提出了一种适合指纹分类的算法。此外，赋时矩阵也被应用到基于 PCNN 的模式识别中 [81]。

5. 图像增强

利用 PCNN 增强图像是一个比较新的研究方法。不过由于 PCNN 的图像处理机制与人眼的视觉特性非常吻合，所以 PCNN 在图像增强方面的应用也有较好的理论基础。

张军英等提出 PCNN 与马赫带效应结合增强灰度或彩色图像的方法[82,83]，同时他们还针对低对比度图像提出了相应的增强方法 [84]。李国友等将 PCNN 与 Ostu 算法结合提出了一种图像增强算法[85,86]，接着又提出了基于遗传算法的 PCNN 图像增强方法 [87]。文献 [88] 等利用 PCNN 的点火特性对红外图像进行增强。文献 [89] 运用优化策略提出了一种基于 PCNN 的自适应彩色图像增强算法。

目前，关于彩色图像增强算法的研究大多都是基于单通道进行的，即未考虑通道间的相互影响与联系。这类方法若处理不慎则易导致色彩失真，进而降低图像质量。

6. 图像融合

对于图像融合，小波和金字塔算法在这方面得到了很好的应用。不过，它们在图像融合过程中也存在一定的缺陷。实际上，PCNN 也能用于图像融合领域[90,91]，并且取得了很好的效果。到目前为止，有关这方面的文章已经被发表在国内外的期刊和会议论文集上。PCNN 参与图像融合的方式大致可以分为两类。一类是 PCNN 与其他方法共同完成图像融合；另一类是仅用 PCNN 来完成图像融合，这里将分别介绍。

PCNN 与其他理论方法 (如小波理论) 结合共同完成图像融合。Broussard 等将 PCNN 应用到图像融合中 [92]。他们先是用 PCNN 分割图像，然后再将分割后的图像与原始图像进行融合处理，以提高识别目标的准确率。Blasch 使用 PCNN 提取空间特征，并将这些特征与分割的图像联系到一起，最后再用特定的滤波器融合当前已知的信息 [93]。文献 [94] 则是首先利用多尺度对比度金字塔分解图像，再使用 PCNN 的全局耦合属性和同步脉冲激发特性选取较优的对比度以实现图像的融合。与此相似，文献 [95] 利用小波包分析来分解图像，然后再用 PCNN 选择最优的数据，进而完成图像融合。

整个图像融合过程仅有 PCNN 参与。在这一方面，国内的研究较多。Chen 等提出了一个并行图像融合系统，该系统采用两级结构，主级和次级均使用 PCNN 处理 [96]。文献 [97] 提出了一种基于区域的 PCNN 融合算法。该算法首先使用 PCNN 将图像分成不同的区域，然后再根据评价标准进行加权融合。以上算法有个共同的缺点是同时使用多个 PCNN 或多次使用 PCNN。鉴于这种情况，我们提出了一种基于单个 PCNN 的图像融合算法，并将其应用到医学图像融合中[15,16]。

多聚焦图像融合是图像融合的一个重要分支。在摄像与摄影方面应用广泛。PCNN 在这一方面也有着不俗的表现。苗启广和王宝树提出了一种自适应的多聚焦图像融合算法 [98]。该算法可以根据输入的图像自动调整连接系数，进而实现算法的自适应性。文献 [99] 也提出了一种融合方法，他们首先将图像分割成不同的小块，然后通过 PCNN 选出符合条件的小块，最后再将这些选出来的小块重新组成新的图像，进而完成图像的融合。

7. 其他应用

Kinser 将 PCNN 应用在凹点检测上，取得了不错的效果 [100]。Tanaka 等使用 PCNN 设计出了自动化的凹点检测系统 [101]，该系统可以自发地检测出边缘上的凹点。为了较好地处理高维数据，Kinser 等对 PCNN 模型进行了改进，并将它用于处理高维化学结构数据 [102]。Åberg 和 Jacobsson 将 PCNN 应用到定量结构保留关系中，他们使用 PCNN 输出的图像序列对分子的三维图像进行预处理 [103]。Yamada 等使用 PCNN 的快速抑制连接处理提取出来部分面部图像像素，进而实现人脸的识别 [104]。文献 [105] 利用 PCNN 的脉冲并行传播特性提取图像的形状信息以达到细化图像的目的。文献 [106] 提取了一类二值图像的细化算法，

文献 [107] 将其用于细化二值化的指纹图像。作者所在科研团队首次将 PCNN 应用到图像编码领域，并提出了基于 PCNN 与施密特正交基的图像压缩编码算法 [108]。

4.1.4　在非图像处理领域的应用

PCNN 不但能够很好地应用在图像处理领域，而且在路径优化、语音识别等非图像处理领域也有着出色的处理能力。这里主要介绍 PCNN 在路径优化和语音识别方面的应用情况。

在路径优化方面，Caulfield 和 Kinser 较早地使用 PCNN 成功地解决了迷宫中的最短路径问题 [109]。赵荣昌等提出了三态 PCNN 模型并将它应用到寻找最短路径的问题中，取得了很好的效果 [17]。聂仁灿等提出的竞争型 PCNN 模型可很好地求解多约束 QoS 网络的最优路径 [18]。文献 [110] 提出的基于多输出 PCNN 不确定算法也较好地解决了最短路径问题。此外，还有人将 PCNN 改进模型应用到解决路径优化问题中 [111]。

在语音识别方面，Sugiyama 等使用 PCNN 改进模型进行音素识别 [112]。该改进模型利用突触间的反馈连接可以存储模式信息。这些存储的信息可以利用径向基函数重新找到。Timoszczuk 和 Cabral 设计出了一种基于 PCNN 的独立文本识别系统 [113]。该系统由双层 PCNN 和多层感知机组成，可分别用于特征提取和分类处理。

在其他方面的应用，Szekely 等利用 PCNNf (pulse coupled neural networks factoring) 增强"气味图像"以提高气味的检测精度，还采用进化算法以实现自动处理 [114,115]。文献 [116] 基于小波变换设计出一种 PCNN 预测模型并将之用于分析每年的降雨量与径流量。Izhikevich 提出了一种简单的神经元模型，该模型可以产生与 PCNN 类似的脉冲输出和同步激发特性 [117]。

有关 PCNN 混沌特性的研究进展。PCNN 实际上也是一个复杂的非线性网络，在某种条件下可以产生混沌现象。Torikai 和 Saito 对 PCNN 的混沌特性进行了较为系统的研究，提出了基于 PCNN 的混沌振荡器，并分别阐明了重叠与非重叠区域的参数区间 [118]。Yamaguchi 等设计出了混沌脉冲耦合神经元模型，并对其混沌特性进行了相关分析 [119,120]。该模型在局部兴奋与全局抑制的条件下构成一维网络便能产生混沌。文献 [121] 运用 Marotto 定理从理论上证明了 PCNN 在特定的参数条件下可以进入混沌，并给出了数值仿真和相应的计算。

4.1.5　硬件实现

上文这些应用均是在软件仿真的情况下实现的，而且软件仿真存在速度慢的缺点。因此，人们就考虑在硬件上实现 PCNN。最早成功做此实验的是 Ota 和 Wilamowski [122]。他们开发出了基于模拟互补金属氧化物半导体 (CMOS) 的

PCNN 硬件结构,该结构利用 PCNN 实现了信号的加权和累加。而后 Clark 等将 PCNN 理论应用到光学系统中,建成了一个新型自适应光学系统[123]。该系统利用 PCNN 的平滑能力降低噪声的不利影响。Roppel 等也设计了一个基于硬件的低能耗便携式传感器系统[124],其中,PCNN 主要用于特征提取。Schafer 和 Hartmann 研制出了一款基于现场可编程门阵列 (FPGA) 的 PCNN 通用硬件仿真器[125]。该仿真器的硬件结构可以根据不同的学习规则进行在线 Hebbian 学习。Grassmann 等设计出了一种基于 PCNN 的神经元计算机,该计算机由事件驱动,采用并行处理策略来提高仿真速度[126]。Ota 则利用 CMOS 技术提出了基于超大规模集成电路 (VLSI) 的 PCNN 电路结构[127]。Schæfer 等提出了一种硬件实现方案,该方案可以对大而复杂的 PCNN 进行快速地仿真[128]。他们采用了包括减少神经元与突触运算在内的多种方法以减少时间消耗。另外一个显著的地方是他们使用了商用通信硬件以解决并行计算的问题。Takahashi 等提出了一种简单的产生超混沌的电路[129],该电路可用于大规模 PCNN 硬件的实现。Vega-Pineda 等基于 FPGA 平台设计了一个 PCNN 系统[130],该系统可以对图像进行实时分割。

4.2 基于 PCNN 的植物识别方法

4.2.1 熵序列的改进

熵序列[131] 作为对叶片纹理描述十分有效的特征,在作为特征向量进行叶片分类识别时也能得到一个不错的结果。通过对熵序列的提取方式进行深入研究,可以发现主要有输入方式、衰减方式、权值矩阵等几个方面影响着熵序列。准确地讲,传统的熵序列对叶片纹理的描述方式并没有完全符合我们对它的期望。首先,传统的熵序列在提取过程中并没有保证对输入的全部作用,即没有保证使全部输入点点火;其次传统的熵序列存在重复,即对某些输入点进行了多次点火。

基于此,在本节中,对传统的由 PCNN 模型提取的熵序列进行了改进。从其输入方式、衰减方式、权值矩阵以及保证不重复输入并且全部输入 4 个方面进行了探讨。为了验证本节方法对熵序列改进的有效性,我们使用 SVM 作为分类器,熵序列作为输入特征,构建了一个分类系统。

(1) 保证全部且不重复点火

为了解决上文提到的传统熵序列存在的问题,我们对 PCNN 提取熵序列的提取方式进行了改进。改进之后不仅保证了对全部输入点进行点火,而且输入点没有进行重复点火。实验结果如图 4-6 所示。从图 4-6 可以发现,传统的熵序列中 22~27 次迭代是对 1~5 次迭代的重复。而改进的熵序列不存在这个问题。这说明该方法对传统熵序列的改进达到了预期目标。

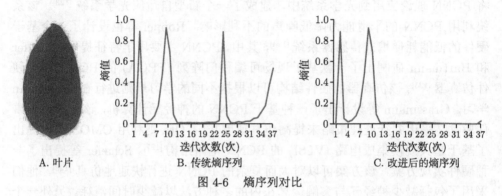

A. 叶片   B. 传统熵序列   C. 改进后的熵序列

图 4-6   熵序列对比

(2) 输入方式对比

从图 4-6 改进后的熵序列可以发现，在 13 次迭代之后的熵值十分接近 0，产生的熵序列只有 1~13 次迭代是有效的。这不仅无法有效的描述叶片纹理，作为分类特征来讲也是一个损失。为了进一步改进，首先对其输入方式进行了改变。考虑到 PCNN 的点火阈值一般采用指数衰减方式。这就意味着，PCNN 对图像中亮度较大的像素处理要粗糙一些，对像素值小的像素要精细一些。由于叶片图像中叶片的像素值普遍较大，叶片纹理精细。阈值下降较快时难以有效处理这些精细纹理。即提取的熵序列难以准确反映纹理信息。

因此，我们尝试将图像进行取反变换，使纹理像素得到精细的阈值处理，进而促使熵序列更有效地反映纹理信息。传统的熵序列提取时都是对图像进行直接输入的，那么对图像的输入取反之后熵序列会不会发生改变，在此进行了实验（图 4-7）。

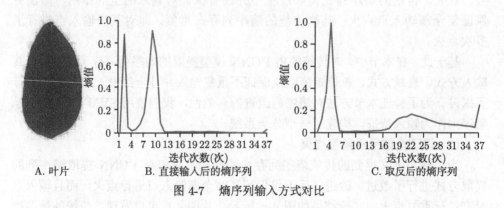

A. 叶片   B. 直接输入后的熵序列   C. 取反后的熵序列

图 4-7   熵序列输入方式对比

由图 4-7 可以发现，在对输入进行取反后，在 15~35 次迭代时的熵值有了明显的改变。这说明对熵序列输入方式进行取反的尝试是有效果的。

(3) 衰减方式对比

PCNN 的衰减方式有很多种，但在本节方法中主要对直线衰减和指数衰减方式进行对比。指数衰减方式的特点是在网络迭代初期阈值较大，衰减速度也大。随着迭代次数和阈值的减小，其衰减速度也逐渐减小。这一变化特性被证明十分符合哺乳动物的视觉特性。因此，指数衰减方式被广泛使用。而线性衰减方式的特点是阈值均匀衰减，如图 4-8 所示。

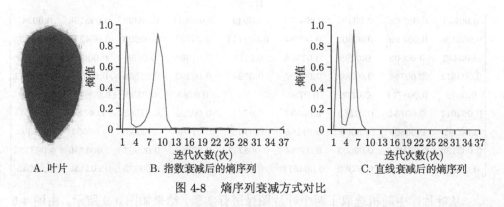

A. 叶片　　　　B. 指数衰减后的熵序列　　　　C. 直线衰减后的熵序列

图 4-8　熵序列衰减方式对比

由图 4-8 可以发现，改变衰减方式后得到的熵序列的基本趋势并没有大的变化，反而熵序列在指数衰减下得到的有效数值 (非零值) 更多一些。

(4) 权值矩阵对比

传统的熵序列一直使用三阶的归一化权值矩阵。但是经过分析可以发现权值矩阵是周围点对输入点的影响。那么，通过扩大权值矩阵的阶数来增加周围点对输入点的影响，这能否使熵序列有所改变，为此进行了实验。由于权值矩阵一般取奇数阶，所以在本节中只对 3 阶、5 阶、7 阶、9 阶权值矩阵进行了对比。权值矩阵分别为

$$W_3 = \begin{bmatrix} 0.0833 & 0.1667 & 0.0833 \\ 0.1667 & 0 & 0.1667 \\ 0.0833 & 0.1667 & 0.0833 \end{bmatrix}$$

$$W_5 = \begin{bmatrix} 0.0137 & 0.0220 & 0.0275 & 0.0220 & 0.0137 \\ 0.0220 & 0.0549 & 0.1099 & 0.0549 & 0.0220 \\ 0.0275 & 0.1099 & 0 & 0.1099 & 0.0275 \\ 0.0220 & 0.0549 & 0.1099 & 0.0549 & 0.0220 \\ 0.0137 & 0.0220 & 0.0275 & 0.0220 & 0.0137 \end{bmatrix}$$

$$W_7 = \begin{bmatrix} 0.00497 & 0.00688 & 0.00894 & 0.00994 & 0.00894 & 0.00688 & 0.00497 \\ 0.00688 & 0.01118 & 0.01788 & 0.02235 & 0.01788 & 0.01118 & 0.00688 \\ 0.00894 & 0.01788 & 0.04471 & 0.0894 & 0.04471 & 0.01788 & 0.00894 \\ 0.00994 & 0.02235 & 0.0894 & 0 & 0.0894 & 0.02235 & 0.00994 \\ 0.00894 & 0.01788 & 0.04471 & 0.0894 & 0.04471 & 0.01788 & 0.00894 \\ 0.00688 & 0.01118 & 0.01788 & 0.02235 & 0.01788 & 0.01118 & 0.00688 \\ 0.00497 & 0.00688 & 0.00894 & 0.00994 & 0.00894 & 0.00688 & 0.00497 \end{bmatrix}$$

$$W_9 =$$

$$\begin{bmatrix} 0.00245 & 0.003136 & 0.00392 & 0.004611 & 0.0049 & 0.004611 & 0.00392 & 0.003136 & 0.00245 \\ 0.003136 & 0.004356 & 0.00603 & 0.00784 & 0.008711 & 0.00784 & 0.00603 & 0.004356 & 0.003136 \\ 0.00392 & 0.00603 & 0.0098 & 0.01568 & 0.0196 & 0.01568 & 0.0098 & 0.00603 & 0.00392 \\ 0.004611 & 0.00784 & 0.01568 & 0.00392 & 0.0784 & 0.00392 & 0.01568 & 0.00784 & 0.004611 \\ 0.0049 & 0.008711 & 0.0196 & 0.0784 & 0 & 0.0784 & 0.0196 & 0.008711 & 0.0049 \\ 0.004611 & 0.00784 & 0.01568 & 0.00392 & 0.0784 & 0.00392 & 0.01568 & 0.00784 & 0.004611 \\ 0.00392 & 0.00603 & 0.0098 & 0.01568 & 0.0196 & 0.01568 & 0.0098 & 0.00603 & 0.00392 \\ 0.003136 & 0.004356 & 0.00603 & 0.00784 & 0.008711 & 0.00784 & 0.00603 & 0.004356 & 0.003136 \\ 0.00245 & 0.003136 & 0.00392 & 0.004611 & 0.0049 & 0.004611 & 0.00392 & 0.003136 & 0.00245 \end{bmatrix}$$

　　从叶片库中随机选取了两个叶片图像进行实验,结果如图 4-9 所示。由图 4-9 可以发现,在对权值矩阵进行扩展后,得到的熵序列并没有发生明显的改变,这就需要进行更深入的实验。

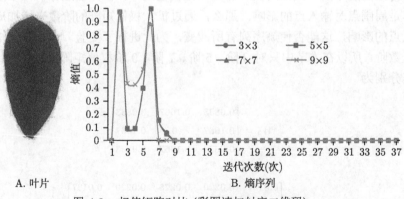

A. 叶片　　　　　　　　　　　　　　　　　　　B. 熵序列

图 4-9　权值矩阵对比 (彩图请扫封底二维码)

　　由本节的对比实验可以发现,除了取反输入对熵序列有较大的影响外,其他的改变对熵序列的改变并不明显。那么,到底本节的改进方法是否有效,这就需要进行分类实验,从识别率的角度来对它进行验证。

4.2.2　对比实验结果

为了验证对熵序列的改进是否有效，本节首先对熵序列在 Flavia 数据集上进行了对比实验；其次运用 PCNN 模型在数据集上进行了随机实验，并使用 PCNN 及其 3 个相关模型在 3 个不同的数据集上进行了大量随机实验来进一步验证。

4.2.2.1　熵序列对比实验

为了进一步验证本节对熵序列的改进方法是否有效，将熵序列作为特征输入向量，使用 LIBSVM 作为分类器，Flavia 数据集作为实验叶片库，使每一类树叶的训练、测试样本数目近似为 1:1。为了使实验更客观，每一组都随机进行了 100 次实验。根据经验，令 $a_e = 0.15$，$n = 37$。

(1) 输入方式对比

为了进一步说明取反输入得到的熵序列的有效性，将这两种特征分别用于识别同一组植物叶子，实验结果如图 4-10 所示。

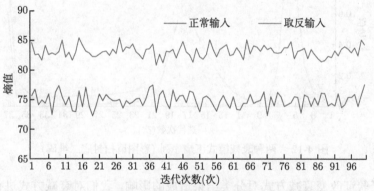

图 4-10　正反输入下的识别结果 (彩图请扫封底二维码)

由图 4-10 可以看到，图像取反后提取的熵序列，其分类结果有了显著的提高，这也进一步说明了前面的结论：植物叶片图像取反后输入到 PCNN 中提取到的熵序列更能较准确地描述叶片纹理。

(2) 衰减方式对比

PCNN 的阈值大小决定了神经元是否点火。阈值的变化趋势也将直接影响熵序列的变化趋势。现就常用的两种衰减方式——指数衰减和线性衰减进行讨论 (图 4-11)，以确定哪一种衰减方式更适合植物叶片的特征提取。

实际上，熵序列受衰减方式的影响较大，如图 4-12 所示。在线性衰减下，熵序列只有一个明显的突起。而在指数衰减下，熵序列的起伏明显多于线性衰减的熵序列。这说明指数衰减方式更有利于提取叶片图像中的特征信息。

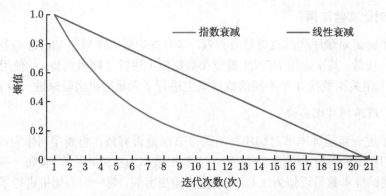

图 4-11　　指数衰减与线性衰减曲线 (彩图请扫封底二维码)

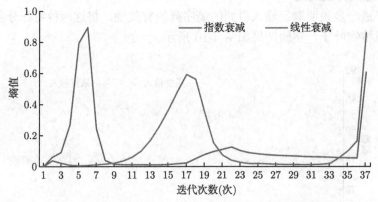

图 4-12　　两种衰减模式下熵序列 (彩图请扫封底二维码)

　　为了验证改变衰减方式对分类结果造成的影响,我们对衰减方式进行了对比,结果如图 4-13 所示。其中 "+" 表示直接输入方式, "−" 表示取反输入方式。由于不同衰减方式对熵序列的形态产生了改变,那也必将对叶片的识别结果产生一定影响。由图 4-13 可以发现,在取反输入下,指数衰减所得的识别率明显得到了提升,效果也比直线衰减下的结果好。这也进一步验证了指数衰减方式有利于提取图像中的特征信息。

(3) 权值矩阵对比

　　在进行不同阶的权值矩阵对比实验之前,考虑到提取熵序列时所用的权值矩阵均为归一化后的矩阵。那么,权值矩阵不进行归一化或者按照其他的一些方式进行处理,所得的分类结果是否有所变化?为此进行如下实验,如图 4-14~图 4-17 所示。图 4-14~图 4-17 中,在 3 阶、5 阶、7 阶、9 阶矩阵下分别进行了权值矩阵是否归一化的比较实验。从图 4-14、图 4-16 和图 4-17 中可以明显发现,在 3 阶、7 阶、9 阶矩阵下,在对权值矩阵进行归一化之后,提取熵序列进

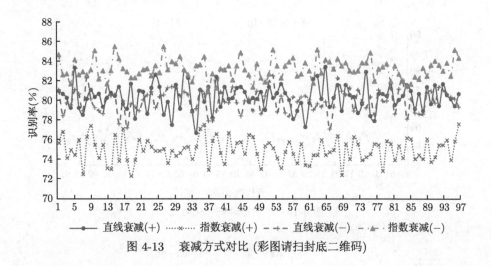

图 4-13　衰减方式对比 (彩图请扫封底二维码)

行分类实验所得的识别率结果要更好一些。而在 5 阶权值矩阵下，尽管识别率的差别并不大，但还是可以发现归一化后的识别率曲线更加稳定一些。所以在之后的实验中，对于权值矩阵均采用归一化矩阵。

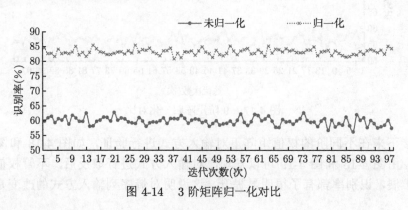

图 4-14　3 阶矩阵归一化对比

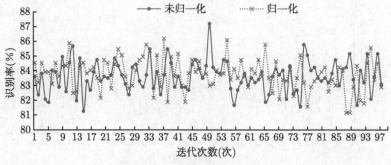

图 4-15　5 阶矩阵归一化对比

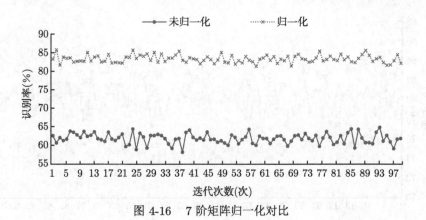

图 4-16   7 阶矩阵归一化对比

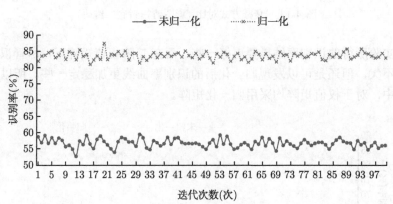

图 4-17   9 阶矩阵归一化对比

接下来在不同阶的权值矩阵下对输入方式进行验证，如图 4-18 和图 4-19 所示。由图 4-18 和图 4-19 可以发现，对输入方式进行取反后，不管权值矩阵是否扩展，识别率都有了很明显提升，这说明对熵序列输入方式的改变是有效果的。

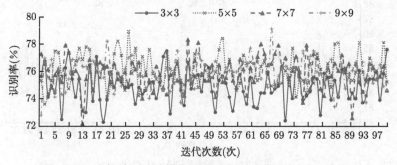

图 4-18   直接输入下的权值矩阵对比 (彩图请扫封底二维码)

权值矩阵表示周围像素点对输入像素点的影响，在进行了对权值矩阵元素是否进行归一化的比较之后，发现归一化之后实验结果有了明显的改善。接下来讨论改变权值矩阵大小是否也对实验结果有一定的影响。

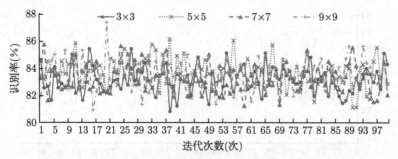

图 4-19　取反输入下的权值矩阵对比 (彩图请扫封底二维码)

为此，进行以下实验。首先，使权值矩阵中元素全部为 1，之前已经验证了归一化权值矩阵的实验效果更好，故直接对全 1 的权值矩阵进行归一化处理。采用 5×5 的权值矩阵进行实验，其他实验条件跟之前的实验相同。

其中，权值矩阵 W 为

$$W_5 = \begin{bmatrix} 0.04167 & 0.04167 & 0.04167 & 0.04167 & 0.04167 \\ 0.04167 & 0.04167 & 0.04167 & 0.04167 & 0.04167 \\ 0.04167 & 0.04167 & 0.04167 & 0.04167 & 0.04167 \\ 0.04167 & 0.04167 & 0.04167 & 0.04167 & 0.04167 \\ 0.04167 & 0.04167 & 0.04167 & 0.04167 & 0.04167 \end{bmatrix}$$

其次，将全 1 的权值矩阵缩小为原来的 1/10，其余实验条件不变，权值矩阵 W 具体如下

$$W_5 = \begin{bmatrix} 0.1 & 0.1 & 0.1 & 0.1 & 0.1 \\ 0.1 & 0.1 & 0.1 & 0.1 & 0.1 \\ 0.1 & 0.1 & 0.1 & 0.1 & 0.1 \\ 0.1 & 0.1 & 0.1 & 0.1 & 0.1 \\ 0.1 & 0.1 & 0.1 & 0.1 & 0.1 \end{bmatrix}$$

在之前，进行实验所用的权值矩阵元素是通过欧氏距离计算得到，其 5×5 权值矩阵 W 为

$$W_5 = \begin{bmatrix} 0.0137 & 0.0220 & 0.0275 & 0.0220 & 0.0137 \\ 0.0220 & 0.0549 & 0.1099 & 0.0549 & 0.0220 \\ 0.0275 & 0.1099 & 0 & 0.1099 & 0.0275 \\ 0.0220 & 0.0549 & 0.1099 & 0.0549 & 0.0220 \\ 0.0137 & 0.0220 & 0.0275 & 0.0220 & 0.0137 \end{bmatrix}$$

　　图 4-20～图 4-22 是为了探讨权值矩阵对实验结果的影响而进行的实验。为了对之前的猜想进行验证，在取反输入情况下，对之前的 3 种权值矩阵 (全 1、全

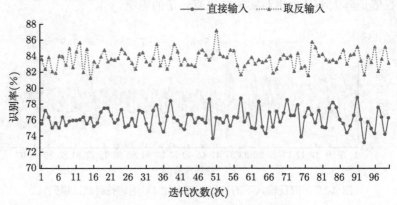

图 4-20　全 1 且归一化权值矩阵对比

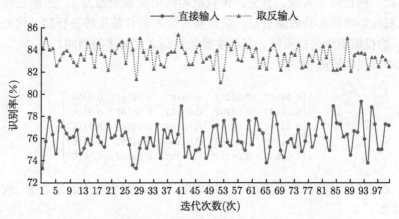

图 4-21　全 0.1 权值矩阵对比

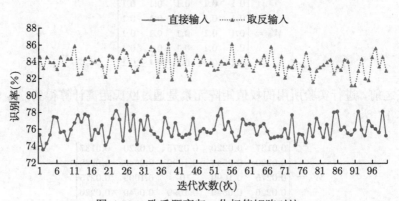

图 4-22　欧氏距离归一化权值矩阵对比

0.1、欧氏距离归一化) 所得到的实验结果进行对比，实验结果如图 4-23 所示。从图中可以发现，通过对三种方式得到的权值矩阵进行实验后，识别率并没有很大的变化。总体而言，通过计算欧氏距离进行归一化后所得的权值矩阵的实验结果更加稳定一些。所以后面实验中的权值矩阵继续通过计算欧氏距离并进行归一化得到。

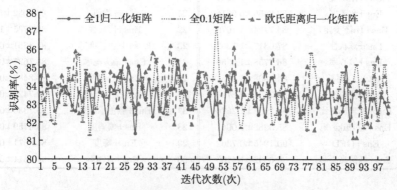

图 4-23　　不同权值矩阵对比 (彩图请扫封底二维码)

4.2.2.2　熵序列与其他特征组合实验

由于熵序列的特征描述能力较强，下面的实验将主要讨论熵序列和其他特征的组合问题。

(1) 熵序列与单值特征组合实验

为了更好地进行实验，使用 PCNN 对熵序列进行提取。PCNN 部分参数设置为 $a_e = 0.15$，$n = 37$，权值矩阵采用五阶归一化矩阵，图像输入方式采用取反方式。

$$W_5 = \begin{bmatrix} 0.0137 & 0.0220 & 0.0275 & 0.0220 & 0.0137 \\ 0.0220 & 0.0549 & 0.1099 & 0.0549 & 0.0220 \\ 0.0275 & 0.1099 & 0 & 0.1099 & 0.0275 \\ 0.0220 & 0.0549 & 0.1099 & 0.0549 & 0.0220 \\ 0.0137 & 0.0220 & 0.0275 & 0.0220 & 0.0137 \end{bmatrix}$$

Flavia 数据集作为实验叶片库，每一类训练、测试样本数目近似为 1:1。为了使实验数据更加客观，对每一个特征进行了随机 10 次实验。首先，使用熵序列跟单值特征进行依次组合实验。实验结果见表 4-1，熵序列用 Ens 表示，表中列出了每一组特征的识别率，识别率由 10 次随机实验所得的识别率的均值和标准差表示。

从表 4-1 发现，对熵序列跟单值特征进行组合后，它们的识别率有了一定的提升。为了更加直接地对它们进行比较，将熵序列和单值特征的组合识别率与对应的单值特征的识别率以及熵序列的识别率进行了比较，如图 4-24 所示。

表 4-1   单值特征与熵序列组合后的识别率

序号	特征	识别率 (%)	序号	特征	识别率 (%)
1	Ens+宽长比	85.1382±1.0073	16	Ens+中心距序列	83.2139±0.6419
2	Ens+圆形度	82.3951±1.5097	17	Ens+能量	84.0635±1.1056
3	Ens+面积凹凸比	83.6950±1.3328	18	Ens+熵序列	85.3019±1.2463
4	Ens+周长凹凸比	85.5476±0.5746	19	Ens+对比度	84.9437±1.0986
5	Ens+矩形度	83.8588±0.8950	20	Ens+相关性	85.7318±0.8415
6	Ens+致密度	82.8659±0.9616	21	Ens+均值	83.7052±1.4792
7	Ens+Hu不变矩	85.7114±1.1079	22	Ens+同质性	86.6735±1.0558
8	Ens+球状性	87.0317±1.1202	23	Ens+颜色标准差	84.1351±0.9065
9	Ens+偏心率	86.7758±1.0558	24	Ens+最大概率	83.1627±0.9334
10	Ens+长/周长	84.3808±1.0451	25	Ens+一致性	83.8485±0.9391
11	Ens+狭窄度	89.2426±0.8704	26	Ens+颜色均值	85.7421±0.9104
12	Ens+生理长宽比	84.7902±1.2676	27	Ens+颜色标准差	85.7830±0.9287
13	Ens+Zernike 矩	85.5988±1.0041	28	Ens+偏斜度	85.4759±0.4191
14	Ens+GFD	90.1945±0.7362	29	Ens+峰度	84.6571±0.7802
15	Ens+椭圆离心率	88.6592±1.4165	30	Ens+HOG	94.8311±0.5202

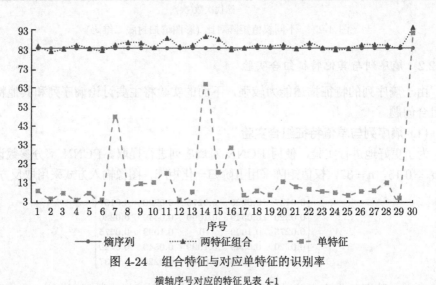

图 4-24   组合特征与对应单特征的识别率

横轴序号对应的特征见表 4-1

　　由图 4-24 可以发现，单值特征的识别率除了几个多值特征外，其余的单值特征都比较低。但是经过组合两个不同特征之后，相比单值特征识别率提升了很多。组合特征的识别率跟熵序列的识别率相比，除了 3 个稍微有些偏低外，其余的均在不同程度上有所增加。这就进一步证明了之前认为组合特征对识别率比单值特征更有所帮助的思路是正确的。不仅两个单值特征组合后提升了识别率，而且组合多值特征和单值特征后也提高了识别率。从这两个方面的实验结果可以看出组合特征对识别率的帮助。

(2) 熵序列与两个单值特征进行组合

在组合两个特征的实验进行之后，发现了组合特征在识别率方面的优势。为了更进一步验证组合特征对识别率有提升作用，我们进行了 3 个特征的组合实验。采用对两个单值特征进行组合后识别率表现较好的 10 组组合特征，分别与熵序列进行组合实验。实验结果见表 4-2，熵序列用 Ens 表示。表 4-2 中列出了每一组特征的识别率，识别率由 10 次随机实验所得的识别率的均值和标准差表示。

表 4-2　组合 3 个特征实验的识别率

序号	特征	识别率 (%)
1	Ens+长/周长+狭窄度	90.1331±0.8647
2	Ens+长/周长+椭圆离心率	90.0512±0.8985
3	Ens+圆形度+椭圆离心率	87.7994±0.7282
4	Ens+圆形度+相关性	85.5476±1.1344
5	Ens+均值+狭窄度	88.5159±1.2243
6	Ens+相关性+椭圆离心率	89.8055±0.7738
7	Ens+均值+椭圆离心率	88.1167±1.5353
8	Ens+圆形度+长/周长	85.8649±0.7666
9	Ens+偏斜度+椭圆离心率	90.0307±0.9195
10	Ens+偏心率+长/周长	88.3726±1.1430

由表 4-2 可以发现，3 个特征组合后识别率有了一定的提升。为了更好地对它们进行比较，将熵序列和单值特征的组合识别率与 3 个特征的组合识别率以及熵序列的识别率进行了比较，如图 4-25 所示。

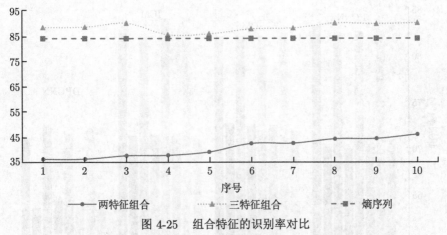

图 4-25　组合特征的识别率对比

横轴序号对应的特征见表 4-2，其中，两特征组合是不含 Ens 的两特征组合

从图 4-25 可以看出，3 个特征通过组合识别率有了提高。同单值特征、熵序列相比，熵序列与单值特征的组合特征的识别率都是对应情况下较好的。

4.2.2.3　PCNN 相关模型对比

分别在 Flavia、ICL、LZU 3 个数据集上对 PCNN 及其他 3 个相关模型进行了实验，来进一步验证前面对熵序列的改进是否有效。为了使实验结果更具说服力，特征输入向量使用熵序列，LIBSVM 作为分类器，每一类训练、测试样本数目近似为 1:1。实验对每一组都随机进行了 15 次重复，取实验最大值作为最终识别率。在图 4-26~图 4-28 中，3×3、5×5、7×7、9×9 分别表示 3 阶、

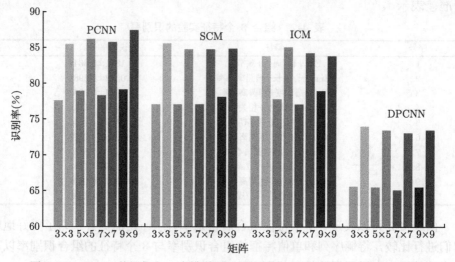

图 4-26　Flavia 数据集上 4 个模型不同权值矩阵对比 (彩图请扫封底二维码)

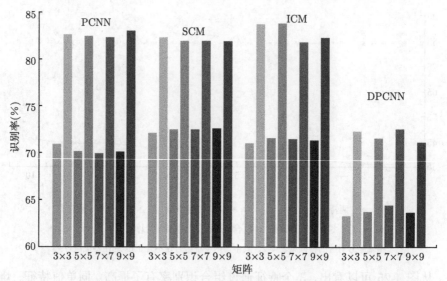

图 4-27　ICL 数据集上 4 个模型不同权值矩阵对比 (彩图请扫封底二维码)

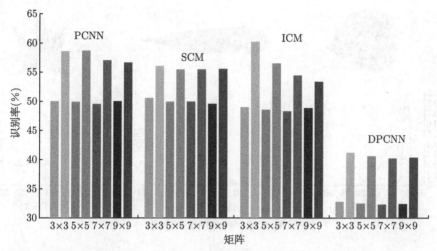

图 4-28 LZU 数据集上 4 个模型不同权值矩阵对比 (彩图请扫封底二维码)

5 阶、7 阶、9 阶权值矩阵。其中，蓝色系列为直接输入，棕色系列为取反输入。图中进一步验证了对熵序列输入方式的改进是有效果的。在权值矩阵的改进方面，发现 4 个模型在 3 个数据集上并没有表现出固定的规律。

4.3 基于 ICM 的植物识别方法

当 PCNN 对图像进行处理时，它将从输入图像创建一组脉冲图像，部分脉冲图像如图 4-29 所示。这些创建的脉冲图像取决于目标图像的纹理，这对于目标图像的表示非常有帮助。输入图像通过 PCNN 进行 n 次迭代之后，会输出一组二值图像。这些二值图像包含了输入图像的很多信息，但是直接将这些输出的二值图像作为特征又会造成一定的数据冗余。为此，马义德提出了熵序列。它是通过计算迭代时产生的图像的熵值而生成的 [131]。其数学描述见式 (4.24)。叶片图像的熵序列如图 4-30 所示。

图 4-29 叶片图像部分脉冲图像

尝试用 PCNN 熵序列和一些简单的特征 (不变矩、宽长比、圆形度等) 构建叶片图像识别系统。该系统也取得了很不错的效果 [132]。图 4-31 是不同方法在 Flavia 数据集上的识别效果，其中，PCNN 指以 PCNN 熵序列为主要特征的方

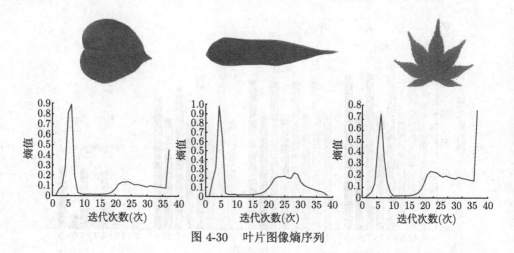

图 4-30　叶片图像熵序列

法，FD+NNC [133] 是一种基于傅里叶描述子和 KNN 的叶片识别系统；DMF+MMC [134] 是基于一些形状特征的叶片识别系统；SVM+BDT [135] 是一种基于简单形状特征与支向量机分类器的叶片分类方法；HLF+PNN [136] 是用半片叶片的图像来识别叶片的种类；PNN [137] 是基于一些简单的形状特征和概率神经网络的叶片分类系统。另外一个很重要的结论是，PCNN 熵序列的识别效果随着熵序列长度的增加而提高，但当熵序列的长度达到一定程度后 (通常在 40~50)，其识别效果达到相对稳定的状态。

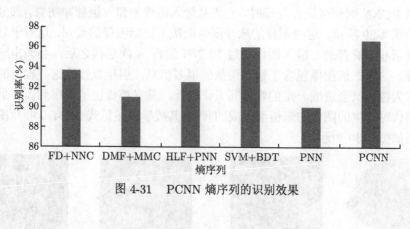

图 4-31　PCNN 熵序列的识别效果

参 考 文 献

[1] Gray C M, König P, Engel A K, et al. Oscillatory responses in cat visual cortex exhibit inter-columnar synchronization which reflects global stimulus properties[J]. Nature, 1989, 338(6213): 334-337.

[2]　Eckhorn R, Reitboeck H, Arndt M, et al. A neural network for feature linking via synchronous activity: results from cat visual cortex and from simulations[M]//Models of Brain Function. Cambridge: Cambridge University Press, 1989: 293-307.

[3]　Reitboeck H J, Eckhorn R, Arndt M, et al. A model for feature linking via correlated neural activity[C]//Haken H, Stadler M. Synergetics of Cognition. Berlin: Springer, 1990: 112-125.

[4]　Eckhorn R, Reitboeck H J, Arndt M, et al. Feature linking via synchronization among distributed assemblies: simulations of results from cat visual cortex[J]. Neural Computation, 1990, 2(3): 293-307.

[5]　Rybak I A, Shevtsova N A, Podladchikova L N, et al. A visual cortex domain model and its use for visual information processing[J]. Neural Networks, 1991, 4(1): 3-13.

[6]　Rybak I A, Shevtsova N A, Sandler V M. The model of a neural network visual preprocessor[J]. Neurocomputing, 1992, 4(1-2): 93-102.

[7]　Johnson J L, Ritter D. Observation of periodic waves in a pulse-coupled neural network[J]. Optics Letters, 1993, 18(15): 1253-1255.

[8]　Ranganath H S, Kuntimad G, Johnson J L. Pulse coupled neural networks for image processing[C]//Proceedings IEEE Southeastcon '95. Visualize the Future. Raleigh: IEEE, 2002: 37-43.

[9]　Johnson J L. Pulse-coupled neural networks[C]//Chen S S, Caulfield H J. Adaptive Computing: Mathematics, Electronics, and Optics: A Critical Review. Vol. 10277. Orlando: SPIE, 1994: 45-74.

[10]　Johnson J L, Padgett M L, Omidvar O. Guest editorial overview of pulse coupled neural network (PCNN) special issue[J]. IEEE Transactions on Neural Networks, 1999, 10(3): 461-463.

[11]　Izhikevich E M. Theoretical foundations of pulse-coupled models[C]//1998 IEEE International Joint Conference on Neural Networks Proceedings. IEEE World Congress on Computational Intelligence (Cat. No.98CH36227). Anchorage: IEEE, 2002: 2547-2550.

[12]　Izhikevich E M. Class 1 neural excitability, conventional synapses, weakly connected networks, and mathematical foundations of pulse-coupled models[J]. IEEE Transactions on Neural Networks, 1999, 10(3): 499-507.

[13]　Kinser J M. Simplified pulse-coupled neural network[C]//Aerospace/Defense Sensing and Controls. Orlando: SPIE, 1996: 563-567.

[14]　Ma Y D, Dai R, Li L, et al. Image segmentation of embryonic plant cell using pulse-coupled neural networks[J]. Chinese Science Bulletin, 2002, 47(2): 169-173.

[15]　Zhan K, Zhang H J, Ma Y D. New spiking cortical model for invariant texture retrieval and image processing[J]. IEEE Transactions on Neural Networks, 2009, 20(12): 1980-1986.

[16]　Wang Z B, Ma Y D. Dual-channel PCNN and its application in the field of image fusion[C]//Third International Conference on Natural Computation (ICNC 2007). Haikou: IEEE, 2007: 755-759.

[17] 赵荣昌, 马义德, 绽琨, 等. 三态层叠 PCNN 原理及在最短路径求解中的应用[J]. 系统工程与电子技术, 2008, 30(9): 1785-1789.

[18] 聂仁灿, 周冬明, 赵东风, 等. 竞争型脉冲耦合神经网络及用于多约束 QoS 路由求解[J]. 通信学报, 2010, 31(1): 65-72.

[19] Gu X D, Zhang L M, Yu D H. General design approach to unit-linking PCNN for image processing[C]//Proceedings. 2005 IEEE International Joint Conference on Neural Networks, 2005. Montreal: IEEE, 2005: 1836-1841.

[20] Gu X D, Yu D H, Zhang L M. Image shadow removal using pulse coupled neural network[J]. IEEE Transactions on Neural Networks, 2005, 16(3): 692-698.

[21] Gu X D. A new approach to image authentication using local image icon of unit-linking PCNN[C]//The 2006 IEEE International Joint Conference on Neural Network. Vancouver: IEEE, 2006: 1036-1041.

[22] Kuntimad G, Ranganath H S. Perfect image segmentation using pulse coupled neural networks[J]. IEEE Transactions on Neural Networks, 1999, 10(3): 591-598.

[23] Cooley J H, Cooley T. Segmentation and discrimination of structural and spectral information using multi-layered pulse couple neural networks[C]//IEEE 1999 International Geoscience and Remote Sensing Symposium. IGARSS'99 (Cat. No.99CH36293). Hamburg: IEEE, 2002: 80-82.

[24] Stewart R D, Fermin I, Opper M. Region growing with pulse-coupled neural networks: an alternative to seeded region growing[J]. IEEE Transactions on Neural Networks, 2002, 13(6): 1557-1562.

[25] Karvonen J A. Baltic Sea ice SAR segmentation and classification using modified pulse-coupled neural networks[J]. IEEE Transactions on Geoscience and Remote Sensing, 2004, 42(7): 1566-1574.

[26] Guo M, Wang L, Yuan X. Car plate localization using pulse coupled neural network in complicated environment[C]//Pacific Rim International Conference on Artificial Intelligence. Berlin: Springer, 2006: 1206-1210.

[27] Iftekharuddin K M, Prajna M, Samanth S, et al. Mega voltage X-ray image segmentation and ambient noise removal[C]//Proceedings of the Second Joint 24th Annual Conference and the Annual Fall Meeting of the Biomedical Engineering Society Engineering in Medicine and Biology. Houston: IEEE, 2003: 1111-1113.

[28] Chacon M M I, Zimmerman S A. License plate location based on a dynamic PCNN scheme[C]//Proceedings of the International Joint Conference on Neural Networks. Vol. 2. Portland: IEEE, 2003: 1195-1200.

[29] Zhang X F, Minai A A. Temporally sequenced intelligent block-matching and motion-segmentation using locally coupled networks[J]. IEEE Transactions on Neural Networks, 2004, 15(5): 1202-1214.

[30] Yu B, Zhang L M. Pulse-coupled neural networks for contour and motion matchings[J]. IEEE Transactions on Neural Networks, 2004, 15(5): 1186-1201.

[31] Ma Y D, Qi C L. Region labeling method based on doublePCNN and morphology[C]//IEEE International Symposium on Communications and Information Technology, 2005. ISCIT 2005. Beijing: IEEE, 2006: 332-335.

[32] 马义德, 戴若兰, 李廉. 一种基于脉冲耦合神经网络和图像熵的自动图像分割方法[J]. 通信学报, 2002, (1): 46-51.

[33] Gu X D, Guo S D, Yu D H. A new approach for automated image segmentation based on unit-linking PCNN[C]//Proceedings. International Conference on Machine Learning and Cybernetics. Beijing: IEEE, 2003: 175-178.

[34] 刘勍, 马义德, 钱志柏. 一种基于交叉熵的改进型 PCNN 图像自动分割新方法[J]. 中国图象图形学报, 2005, 10(5): 579-584.

[35] 毕英伟, 邱天爽. 一种基于简化 PCNN 的自适应图像分割方法[J]. 电子学报, 2005, 33(4): 647-650.

[36] 赵峙江, 张田文, 张志宏. 一种新的基于 PCNN 的图像自动分割算法研究[J]. 电子学报, 2005, 33(7): 1342-1344.

[37] Li M, Cai W, Li X Y. An adaptive image segmentation method based on a modified pulse coupled neural network[C]//Advances in Natural Computation. Berlin: Springer, 2006: 471-474.

[38] 马义德, 齐春亮. 基于遗传算法的脉冲耦合神经网络自动系统的研究[J]. 系统仿真学报, 2006, 18(3): 722-725.

[39] 马义德, 绽琨, 齐春亮. 自适应脉冲耦合神经网络在图像处理中应用[J]. 系统仿真学报, 2008, 20(11): 2897-2900, 2930.

[40] 于江波, 陈后金, 王巍, 等. 脉冲耦合神经网络在图像处理中的参数确定[J]. 电子学报, 2008, 36(1): 81-85.

[41] Ma Y D, Zhang H J. A novel image de-noising algorithm combined ICM with morphology[C]//2007 International Symposium on Communications and Information Technologies. Sydney: IEEE, 2007: 526-530.

[42] Ma Y D, Zhang H J. New image denoising algorithm combined PCNN with gray-scale morphology[J]. Journal of Beijing University of Posts & Telecommunications, 2008.

[43] Liu Q, Ma Y D. A new algorithm for noise reducing of image based on PCNN time matrix[J]. Journal of Electronics & Information Technology, 2008, 30(8): 1869-1873.

[44] Ma Y D, Shi F, Li L. Gaussian noise filter based on PCNN[C]//International Conference on Neural Networks and Signal Processing. Vol. 1. Nanjing: IEEE, 2004: 149-151.

[45] Ma Y D, Shi F, Li L. A new kind of impulse noise filter based on PCNN[C]//International Conference on Neural Networks and Signal Processing. Vol. 1. Nanjing: IEEE, 2004: 152-155.

[46] Chacon M M I, Zimmerman A S. Image processing using the PCNN time matrix as a selective filter[C]//Proceedings 2003 International Conference on Image Processing. Vol. 1. Barcelona: IEEE, 2004: 877-880.

[47] 顾晓东, 程承旗, 余道衡. 结合脉冲耦合神经网络与模糊算法进行四值图像去噪[J]. 电子与信息学报, 2003, 25(12): 1585-1590.

[48] Gu X D, Zhang L M. Morphology open operation in unit-linking pulse coupled neural network for image processing[C]//Proceedings 7th International Conference on Signal Processing. Vol. 2. Beijing: IEEE, 2004: 1597-1600.

[49] Zhang J Y, Dong J Y, Shi M H. An adaptive method for image filtering with pulse-coupled neural networks[C]//IEEE International Conference on Image Processing 2005. Vol. 2. Genova: IEEE, 2005: 133.

[50] Zhang J Y, Lu Z J, Shi L, et al. Filtering images contaminated with pep and salt type noise with pulse-coupled neural networks[J]. Science in China Series F: Information Sciences, 2005, 48(3): 322-334.

[51] Ma Y D, Lin D M, Zhang B D, et al. A novel algorithm of image enhancement based on pulse coupled neural network time matrix and rough set[C]//Fourth International Conference on Fuzzy Systems and Knowledge Discovery. Vol. 3. Haikou: IEEE, 2007: 86-90.

[52] Ranganath H S, Kuntimad G. Object detection using pulse coupled neural networks[J]. IEEE Transactions on Neural Networks, 1999, 10(3): 615-620.

[53] Yu B, Zhang L M. Pulse coupled neural network for motion detection[C]//Proceedings of the International Joint Conference on Neural Networks. Vol. 2. Portland: IEEE, 2003: 1179-1184.

[54] Wolfer J, Lee S H, Sandelski J, et al. Endocardial border detection in contrast enhanced echocardiographic cineloops using a pulse coupled neural network[C]//Computers in Cardiology. Hannover: IEEE, 1999: 185-188.

[55] Berthe K, Yang Y. Automatic edge and target extraction base on pulse-couple neuron networks wavelet theory (PCNNW)[C]//Proc SPIE 4668, Applications of Artificial Neural Networks in Image Processing VII: 69-77.

[56] Innes A, Ciesielski V, Mamutil J, et al. Landmark detection for cephalometric radiology images using pulse coupled neural network[C]//Proceedings of the International Conference on Artificial Intelligence. Vol. 2. Las Vegas: Springer, 2002.

[57] Ogawa Y, Yamaoka D, Yamada H, et al. Binocular stereo vision processing based on pulse coupled neural networks[C]//SICE 2004 Annual Conference. Vol. 1. Sapporo: IEEE, 2004: 311-316.

[58] Ekblad U, Kinser J M. Theoretical foundation of the intersecting cortical model and its use for change detection of aircraft, cars, and nuclear explosion tests[J]. Signal Processing, 2004, 84(7): 1131-1146.

[59] Gu X D, Zhang L M. Orientation detection and attention selection based unit-linking PCNN[C]//2005 International Conference on Neural Networks and Brain. Vol. 3. Beijing: IEEE, 2005: 1328-1333.

[60] McClurkin J W, Zarbock J A, Optican L M. Temporal codes for colors, patterns, and memories[M]//Primary Visual Cortex in Primates. Boston: Springer, 1994: 443-467.

[61] Johnson J L. Pulse-coupled neural nets: translation, rotation, scale, distortion, and intensity signal invariance for images[J]. Applied Optics, 1994, 33: 6239-6253.

[62] Johnson J L. Time signatures of images[C]//Proceedings of 1994 IEEE International Conference on Neural Networks. Vol. 2. Orlando: IEEE, 1994: 1279-1284.

[63] Rughooputh H C S, Rughooputh S D. A pulse-coupled-multilayer perceptron hybrid neural network for condition monitoring[C]//5th Africon Conference in Africa. Vol. 2. Cape Town: IEEE, 1999: 749-752.

[64] Rughooputh S D, Rughooputh H C S. Forensic application of a novel hybrid neural network[C]//International Joint Conference on Neural Networks. Vol. 5. Washington: IEEE, 1999: 3143-3146.

[65] Rughooputh H C S, Bootun H, Rughooputh S D D V. Pulse coded neural network for sign recognition for navigation[C]//IEEE International Conference on Industrial Technology. Vol. 1. 2004: 89-94.

[66] Waldemark K, Lindblad T, Bečanović V, et al. Patterns from the sky: satellite image analysis using pulse coupled neural networks for pre-processing, segmentation and edge detection[J]. Pattern Recognition Letters, 2000, 21(3): 227-237.

[67] Waldemark J, Millberg M, Lindblad T, et al. Image analysis for airborne reconnaissance and missile applications[J]. Pattern Recognition Letters, 2000, 21: 239-251.

[68] Becanovi C V. Image object classification using saccadic search, spatio-temporal pattern encoding and self-organisation[J]. Pattern Recognition Letters, 2000, 21: 253-263.

[69] Murean R. Pattern recognition using pulse-coupled neural networks and discrete Fourier transforms[J]. Neurocomputing, 2003, 51: 487-493.

[70] Nazmy T, Nabil F, Samy H. Dental radiographs matching using morphological and PCNN approach[J]. ICGST International Conference on Graphics, Vision and Image Processing Conference, 2005.

[71] Forgáč R, Mokriš I. Invariant representation of images by pulse coupled neural network[C]//Sinčák P, Vaščák J, Kvasnička V, et al. The State of the Art in Computational Intelligence. Heidelberg: Physica-Verlag HD, 2000: 33-38.

[72] Gu X D. Feature extraction using unit-linking pulse coupled neural network and its applications[J]. Neural Processing Letters, 2008, 27: 25-41.

[73] Forgac R, Mokris I. Feature generation improving by optimized PCNN[C]//2008 6th International Symposium on Applied Machine Intelligence and Informatics. Herlany: IEEE, 2008: 203-207.

[74] Ma Y D, Wang Z B, Wu C H. Feature extraction from noisy image using PCNN[C]//2006 IEEE International Conference on Information Acquisition. Weihai: IEEE, 2007: 808-813.

[75] Zhang J W, Zhan K, Ma Y D. Rotation and scale invariant antinoise PCNN features for content-based image retrieval[J]. Neural Network World, 2007, 17(2): 121-132.

[76] Wang Z B, Ma Y D, Xu G Z. A novel method of iris feature extraction based on the ICM[C]//2006 IEEE International Conference on Information Acquisition. Weihai: IEEE, 2007: 814-818.

[77] Wang Z B, Ma Y D, Xu G Z. A new approach to iris recognition[J]. International Journal Information Acquisition, 2007, 4: 69-76.

[78] Godin C, Muller J D, Gordon M B, et al. Pattern recognition with spiking neurons: performance enhancement based on a statistical analysis[C]//International Joint Conference on Neural Networks. Vol. 3. Washington: IEEE, 1999: 1876-1880.

[79] Allen F T, Kinser J M, Caulfield H. A neural bridge from syntactic to statistical pattern recognition[J]. Neural Network, 1999, 12: 519-526.

[80] Ji L P, Yi Z, Pu X R. Fingerprint classification by SPCNN and combined LVQ networks[C]//Advances in Natural Computation: Second International Conference, ICNC 2006. Berlin: Springer, 2006: 395-398.

[81] Liu Q, Ma Y D, Zhang S Q, et al. Image Target Recognition Using Pulse Coupled Neural Networks Time Matrix[C]//2007 Chinese Control Conference. Zhangjiajie: IEEE, 2007: 96-99.

[82] 张军英, 卢涛. 通过脉冲耦合神经网络来增强图像[J]. 计算机工程与应用, 2003, 39(19): 93-95, 127.

[83] 石美红, 李永刚, 张军英, 等. 一种新的彩色图像增强方法[J]. 计算机应用, 2004, 24(10): 69-71, 74.

[84] 石美红, 张军英, 李永刚, 等. 一种新的低对比度图像增强的方法[J]. 计算机应用研究, 2005, 22(1): 235-238.

[85] 李国友, 李惠光, 吴惕华, 等. PCNN 和 Otsu 理论在图像增强中的应用[J]. 光电子·激光, 2005, 16(3): 358-362.

[86] 李国友, 李惠光, 吴惕华. 改进的 PCNN 与 Otsu 的图像增强方法研究[J]. 系统仿真学报, 2005, 17(6): 1370-1372.

[87] 李国友, 李惠光, 吴惕华. 基于脉冲耦合神经网络和遗传算法的图像增强[J]. 测试技术学报, 2005, 19(3): 304-309.

[88] 陆佳佳, 方亮, 叶玉堂, 等. 基于脉冲耦合神经网络的红外图像增强[J]. 光电工程, 2007, 34(2): 50-54.

[89] Feng D C, Yang Z X, Wang Z M. Adaptive enhancement algorithm of color image based on improved PCNN[C]//2007 8th International Conference on Electronic Measurement and Instruments. Xi'an: IEEE, 2007: 2-848.

[90] Kinser J M. Pulse-coupled image fusion[J]. Optical Engineering, 1997, 36(3): 737-742.

[91] Kinser J M, Wyman C L, Kerstiens B. Spiral image fusion: A 30 parallel channel case[J]. Optical Engineering, 1998, 37(2): 492-498.

[92] Broussard R P, Rogers S K, Oxley M E, et al. Physiologically motivated image fusion for object detection using a pulse coupled neural network[J]. IEEE Transactions on Neural Networks, 1999, 10(3): 554-563.

[93] Blasch E P. Biological information fusion using a PCNN and belief filtering[C]//International Joint Conference on Neural Networks. Vol. 4. Washington: IEEE, 1999: 2792-2795.

[94]　Xu B C, Chen Z. A multisensor image fusion algorithm based on PCNN[C]//Fifth World Congress on Intelligent Control and Automation. Vol. 4. Hangzhou: IEEE, 2004: 3679-3682.

[95]　Li W, Zhu X F. A new image fusion algorithm based on wavelet packet analysis and PCNN[C]//2005 International Conference on Machine Learning and Cybernetics. Vol. 9. Guangzhou: IEEE, 2005: 5297-5301.

[96]　陈浩, 朱娟, 刘艳滢, 等. 利用脉冲耦合神经网络的图像融合[J]. 光学精密工程, 2010, 18(4): 995-1001.

[97]　Li M, Cai W, Tan Z. A region-based multi-sensor image fusion scheme using pulse-coupled neural network[J]. Pattern Recognition Letters, 2006, 27(16): 1948-1956.

[98]　苗启广, 王宝树. 2006. 一种自适应 PCNN 多聚焦图像融合新方法[J]. 电子与信息学报, 28(3): 466-470.

[99]　Huang W, Jing Z L. Multi-focus image fusion using pulse coupled neural network[J]. Pattern Recognition Letters, 2007, 28: 1123-1132.

[100]　Kinser J. Foveation by a pulse-coupled neural network[J]. IEEE Transactions on Neural Networks, 1999, 10: 621-625.

[101]　Tanaka M, Watanabe T, Baba Y, et al. Autonomous foveating system and integration of the foveated images[C]//1999 IEEE International Conference on Systems, Man, and Cybernetics. Vol. 1. Tokyo: IEEE, 1999: 559-564.

[102]　Kinser J M, Waldemark K, Lindblad T, et al. Multidimensional pulse image processing of chemical structure data[J]. Chemometrics and Intelligent Laboratory Systems, 2000, 51(1): 115-124.

[103]　Åberg K M, Jacobsson S. Pre-processing of three-way data by pulse-coupled neural networks - an imaging approach[J]. Chemometrics and Intelligent Laboratory Systems, 2001, 57: 25-36.

[104]　Yamada H, Ogawa Y, Ishimura K, et al. Face detection using pulse-coupled neural network[J]. SICE Annual Conference Program and Abstracts, 2003: 125.

[105]　Gu X D, Yu D H, Zhang L M. Image thinning using pulse coupled neural network[J]. Pattern Recognition Letters, 2004, 25(9): 1075-1084.

[106]　Shang L F, Yi Z. A class of binary images thinning using two PCNNs[J]. Neurocomputing, 2007, 70: 1096-1101.

[107]　Ji L P, Yi Z, Shang L F, et al. Binary fingerprint image thinning using template-based PCNNs[J]. IEEE Transactions on Systems, Man, and Cybernetics, Part B (Cybernetics), 2007, 37(5): 1407-1413.

[108]　马义德, 齐春亮, 钱志柏, 等. 基于脉冲耦合神经网络和施密特正交基的一种新型图像压缩编码算法[J]. 电子学报, 2006, 34(7): 1255-1259.

[109]　Caulfield H, Kinser J. Finding the shortest path in the shortest time using PCNN's[J]. IEEE Transactions on Neural Networks, 1999, 10: 604-606.

[110]　Tang H J, Tan K, Yi Z. A New Algorithm for Finding the Shortest Paths Using PCNN[J]. Neural Networks: Computational Models and Applications, 2007, 53: 177-189.

[111] Gu X D, Zhang L M, Yu D H. Delay PCNN and its application for opti-mization[C]//2004 International Symposium on Neural Networks. Vol. 3173. Berlin: Springer, 2004: 413-418.

[112] Sugiyama T, Homma N, Abe K, et al. Speech recognition using pulse-coupled neural networks with a radial basis function[J]. Artificial Life and Robotics, 2004, 7: 156-159.

[113] Timoszczuk A P, Cabral E F. Speaker recognition using pulse coupled neural net-works[C]//2007 International Joint Conference on Neural Networks. Orlando: IEEE, 2007: 1965-1969.

[114] Szekely G, Padgett M L, Dozier G. Evolutionary computation enhancement of olfactory system model[C]//Proceedings of the 1999 Congress on Evolutionary Computation-CEC99 (Cat. No.99TH8406). Vol. 1. Washington: IEEE, 2002: 503-510.

[115] Szekely G, Padgett M L, Dozier G, et al. Odor detection using pulse coupled neu-ral networks[C]//International Joint Conference on Neural Networks. Proceedings. Vol. 1. Washington: IEEE, 2002: 317-321.

[116] Fu Q A, Feng Y, Feng D C, 2007. PCNN forecasting model based on wavelet transform and its application[C]//Proceedings on Intelligent Systems and Knowledge Engineer-ing. Chengdu, P.R. China. Paris: Atlantis Press, 2007: 344-350.

[117] Izhikevich E M. Simple model of spiking neurons[J]. IEEE Transactions on Neural Networks, 2003, 14(6): 1569-1572.

[118] Torikai H, Saito T. Various synchronization patterns from a pulse-coupled neural network of chaotic spiking oscillators[C]//International Joint Conference on Neural Networks. Washington: IEEE, 2001.

[119] Yamaguchi Y, Ishimura K, Wada M. Chaotic pulse-coupled neural network as a model of synchronization and desynchronization in cortex[C]//Proceedings of the 9th International Conference on Neural Information Processing. Vol. 2. Singapore: IEEE, 2003: 571-575.

[120] Yamaguchi Y, Ishimura K, Wada M. Synchronized oscillation and dynamical clus-tering in chaotic PCNN[C]//Proceedings of the 41st SICE Annual Conference. Vol. 2. Osaka: IEEE, 2003: 730-735.

[121] Lin W, Ruan J. Chaotic dynamics of an integrate-and-fire circuit with periodic pulse-train input[J]. IEEE Transactions on Circuits and Systems I: Fundamental Theory and Applications, 2003, 50(5): 686-693.

[122] Ota Y, Wilamowski B M. Analog implementation of pulse-coupled neural networks[J]. IEEE Transactions on Neural Networks, 1999, 10(3): 539-544.

[123] Clark N, Banish M, Ranganath H S. Smart adaptive optic systems using spatial light modulators[J]. IEEE Transactions on Neural Networks, 1999, 10(3): 599-603.

[124] Roppel T, Wilson D, Dunman K, et al. Design of a low-power, portable sensor system using embedded neural networks and hardware preprocessing[C]//International Joint Conference on Neural Networks. Proceedings. Vol. 1. Washington: IEEE, 2002: 142-145.

[125] Schafer M, Hartmann G. A flexible hardware architecture for online Hebbian learning in the sender-oriented PCNN-neurocomputer Spike 128 K[C]//Proceedings of the Seventh International Conference on Microelectronics for Neural, Fuzzy and Bio-Inspired Systems. Granada: IEEE, 2002: 316-323.

[126] Grassmann C, Schoenaue T, Wolff C. PCNN neurocomputers - event driven and parallel architectures[C]//10th European Symposium on Artificial Neural Networks, Bruges, Belgium, April 24-26, 2002, Proceedings. 2002: 331-336.

[127] Ota Y. VLSI structure for static image processing with pulse-coupled neural network[C]//IEEE 2002 28th Annual Conference of the Industrial Electronics Society. Vol. 4. Seville: IEEE, 2003: 3221-3226.

[128] Schæfer M, Schcenauer T, Wolff C, et al. Simulation of spiking neural networks — architectures and implementations[J]. Neurocomputing, 2002, 48(1-4): 647-679.

[129] Takahashi Y, Nakano H, Saito T. A simple hyperchaos generator based on impulsive switching[J]. IEEE Transactions on Circuits and Systems II: Express Briefs, 2004, 51(9): 468-472.

[130] Vega-Pineda J, Chacon-Murguia M I, Camarillo-Cisneros R. Synthesis of Pulsed-Coupled Neural Networks in FPGAs for Real-Time Image Segmentation[C]//The 2006 IEEE International Joint Conference on Neural Network. Vancouver, Canada: IEEE, 2006: 4051-4055.

[131] Ma Y D, Dai R L, Li L, et al. Image segmentation of embryonic plant cell using pulse-coupled neural networks[J]. Chinese Science Bulletin, 2002, 47: 169-173.

[132] Wang Z B, Sun X G, Zhang Y N, et al. Leaf recognition based on PCNN[J]. Neural Computing and Applications, 2016: 27(4): 899-908.

[133] Novotný P, Suk T. Leaf recognition of woody species in Central Europe[J]. Biosystems Engineering, 2013, 115(4): 444-452.

[134] Du J X, Wang X F, Zhang G J. Leaf shape based plant species recognition[J]. Applied Mathematics and Computation, 2007, 185(2): 883-893.

[135] Singh K, Gupta I, Gupta S. SVM-BDT PNN and Fourier moment technique for classification of leaf shape[J]. International Journal of Signal Processing, Image Processing and Pattern Recognition, 2010, 3(4): 67-78.

[136] Uluturk C, Ugur A. Recognition of leaves based on morphological features derived from two half-regions[C]//International Symposium on Innovations in Intelligent Systems and Applications. Trabzon: IEEE, 2012: 1-4.

[137] Wu S G, Bao F S, Xu E Y, et al. A leaf recognition algorithm for plant classification using probabilistic neural network[C]//2007 IEEE International Symposium on Signal Processing and Information Technology. Giza: IEEE, 2008: 11-16.

第 5 章　基于 BOW 和 BOF 的识别方法

词袋 (bag of words，BOW) 模型是信息检索领域常用的文档表示方法。特征袋 (bag of features，BOF) 是一种图像特征提取方法，它借鉴了词袋的思路，是词袋的一种改进。本章首先对 BOW 和 BOF 进行简单介绍；其次对几种基于词袋和特征袋的植物识别方法进行介绍；最后对这些方法进行实验，证明该方法的可行性及有效性。

5.1　BOW 与 BOF

5.1.1　BOW

在信息检索中，对于一个文档，BOW 模型将其看作是若干词汇的集合，而忽略其语法和单词顺序，只考虑文档中是否出现过该词汇。并且文档中的每个词汇都是独立的，不受语意和语法所影响。假设在训练集中有若干篇文档，从每篇文档中选择一些词来构建词袋，每篇文档的特征可以由这些词汇出现的频数构成。

同样，BOW 模型也可用于图像表示。我们可以将一幅图像看作一个文档，那么文档内的词汇就是一个图像块的特征向量。图 5-1为使用 BOW 模型进行特征表示的流程图。

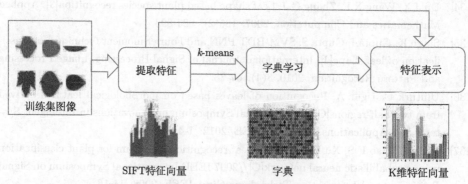

图 5-1　BOW 模型流程图 (彩图请扫封底二维码)

SIFT：尺度不变特征变换

BOW 模型步骤如下。

1) 对训练集图像进行预处理，包括图像增强、图像分割、图像去噪等。

2) 提取 SIFT 特征。对每幅图像进行 SIFT 特征的提取，每一个 SIFT 特征用一个 128 维的矢量描述符表示。

3) 利用 k-means 算法对提取到的特征进行聚类。假设共有 N 个 SIFT 特征，k-means 算法将 N 个特征分为 k 个簇，每个簇内具有较高的相似度，每个簇的聚类中心为 BOW 模型中的视觉词汇，即字典的码字长度为 k。计算每幅图像中的每个 SIFT 特征到 k 个视觉词汇的距离，并将其映射到距离最近的视觉词汇中，每映射一次，该词汇的频数就会增加 1。

5.1.2　BOF

BOF 模型借鉴了 BOW 模型的思路，使用图像的关键特征代替了关键词汇。BOF 模型将每幅图像表示为无序的局部区域/关键点特征集合，并且已广泛用于模式识别。使用某种聚类算法 (如 k-means) 将局部特征进行聚类，可以得到很多聚类中心。而聚类中心代表了这些特征的共性，由聚类中心可以组合构成一个字典。图像中的每个特征都将被映射到视觉词典的某个词上，这种映射可以通过计算特征间的距离去实现，然后统计每个视觉词出现与否或出现的次数，可将图像描述为一个维数相同的直方图向量，即特征袋。经过许多研究者的努力，将 BOF 模型与空间金字塔匹配 (SPM)[1] 和局域约束线性编码 (LLC)[2] 结合使用在许多研究中始终具有良好的性能。基于 BOF 的分类系统流程如图 5-2 所示。

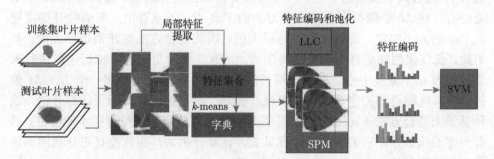

图 5-2　基于 BOF 的分类系统流程图 (彩图请扫封底二维码)

1. SIFT 描述子

BOW 和 BOF 中常用 SIFT 特征描述子进行局部特征提取。该描述子是目标识别以及场景识别等领域中最常用的方法，在传统的分类和识别领域中有很广泛的应用。SIFT 描述子的提取流程如下。

1) 将待处理图像分块。每块大小通常为 8×8，每块称为一个 bin。

2) 设置滑动窗口大小。通常为 16×16，称之为 patch，每个 patch 由相邻的 4 个 bin 组成。patch 以 bin 为单位，从左到右，逐行滑动，直至整幅图像采样完成。我们采用的 patch 大小为 8×8,也就是简单地将图像分成 8×8 的 bin,每个 bin 就是一个 patch。

3) 统计每个 patch 的特征。该特征是一种简化的 SIFT 特征,特征维度为 128,因此对于每个图像,最终的特征描述是由一个 128×N 的矩阵组成,其中,N 是 patch 的数量。

2. 字典学习

由于所提取的特征矩阵的大小由图像的尺寸决定,不同图像提取的特征数目是不同的,因此直接进行分类有一定的难度,而且识别率比较难保证。而采用字典学习的方法可以将特征归一化 (假设不同图像的特征个数相同),而且经过变换后的特征是稀疏的,便于进行分类。

假设 X 是 D 维描述子 (如 SIFT) 的集合,对于一个图像集合有 $X = x_1, x_2, \cdots, x_N$, $X \in R^{D \times N}$,假设字典 $B = \{b_1, b_2, \cdots, b_M\}$, $B \in R^{D \times M}$。字典学习就是要事先学习一个字典 B,然后用字典 B 中的元素来表示图像集合 X 的每一个元素。

假设要构建一个 $D \times M$ 的字典,图像集合有 m 类,为了便于处理,假设 $M = m \times n$,其中,n 为任意大于 1 的正整数。传统的方法需要将所有图像的特征矩阵组成一个特征矩阵 Fea $\in R^{D \times N}$,其中,N 是图像集合中子块的数量,通常 N 远远大于图像的个数。然后通过 k-means 进行聚类,最后得到 M 个聚类中心,这 M 个聚类中心就是学习到的字典 B。不难看出,聚类的开销主要由 Fea 的大小决定,而 Fea 往往是很大的,因此这种方法的开销是很大的。基于此,仅仅采用训练样本进行字典学习,而且选择对每一类的特征矩阵进行聚类,得到 n 个聚类中心,最后把每类的聚类中心拼接起来得到一个 $D \times M$ 维的字典。这样得到的字典更有代表性,提高了学习速度、降低了计算开销。这种基于无监督方法 k-means 来学习字典的方法充分利用了所有样本的特征,具有一定的代表性,它的缺点是计算量大,计算开销大,而且没有充分利用训练样本的类别属性。

有了字典 B 和图像集合 X,理论上就可以用字典 B 中的元素来表示图像集合 X 的每一个元素。但实际上,B 与 X 的表示关系与采用的特征编码方式有很大关系。

3. 编码方法

在大规模检索或识别中,传统的 BOF 模型需要建立一个过完备的码字,资源开销特别大,而特征向量太长在分类时会占用太多的内存空间。这促使人们提出多种新的特征编码方式。常见编码方式大致可分为基本方法、投票法、重构法和聚合向量法等,见表 5-1。这些编码方式都有他们各自的特点,现对这些编码方式进行简要概述，同时更关注这些编码方式所需码字的大小以及编码后的特征向量的大小。

表 5-1 常见编码方式

类别	方法	特征维度
基本方法	vector quantization (VQ) / hard voting (HV)	K
重构法	orthogonal matching pursuit (OMP)	K
重构法	sparse coding (SPC)	K
重构法	local coordinate coding (LCC)	K
重构法	locality-constrained linear coding (LLC)	K
投票法	soft assignment (SA) / kernel codebook coding (KCB)	K
投票法	localized soft assignment (SA-k)	K
聚合向量法	fisher vector (FV)	$2KD$
聚合向量法	vector of locally aggregated descriptors (VLAD)	KD
聚合向量法	super vector coding (SVC)	$K(1+D)$

BOW 模型和 BOF 模型的核心在于特征的编码，不同编码方式有不同的特点，下面简要介绍常用的几种编码方式及其特点。

(1) 基本方法

vector quantization(VQ) 法 [3] 是最初 BOW 模型提出的时候采用的编码方法，也是最基本的编码方法。假设一个图片的局部描述子为 $\{x_1, \cdots, x_N\}$, $x_i \in R^D$, 码字为 $\{d_1, \cdots, d_M\}$, $d_j \in R^D$。VQ 编码可以用下式表示：

$$\varphi(x) = \begin{cases} 1, & i = \arg\min \|x - d_j\|_2 \\ 0, & \text{其他情况} \end{cases} \tag{5.1}$$

式中，$\varphi(x)$ 为编码函数，表示距离 x 最近的码字，通常距离用描述子 x 和码字 d_j 之间的二范数也就是欧氏距离表示。

基本方法是其他方法的基础。例如，重构法的基本思想是用码字 d 来尽量重构本地描述子 x。一般表达式为

$$\arg\min \|x - ds\|_2^2 + \lambda \|s\|_0 \tag{5.2}$$

式 (5.2) 分为两部分，加号前面一部分是重构项，加号后面是正则项，λ 是正则项系数，这是一个经典的最小二乘问题。VQ 法可以认为是 $\lambda = 0$ 的重构法，只是重构误差比较大。而投票法的基本思想是，码字作为投票委员会成员对局部描述子进行投票。只是在 VQ 法中，每个局部描述子只能获得一票，而这一票是由距离局部描述子最近的码字投出的。

(2) 重构法

由于 VQ 法的重构误差太大，人们提出了重构法，它主要包括 orthogonal matching pursuit (OMP) 法[4]、sparse coding (SPC) 法[5]、local coordinate coding (LCC) 法[6]、locality-constrained linear coding (LLC) 法[2]。这些方法通过改进正则项以降低重构误差进而提高编码效果。

首先，OMP 法将正则项表示为 s 的 0 范数，也就是 s 中不为 0 元素的个数。但是通常该问题是一个非凸问题，很难求解，甚至无解，严重制约该方法的应用面。所以 SPC 法将正则项表示为 s 的 1 范数，来求得该问题的近似解，并且 LCC 法更倾向于采用距离元素更近的码字进行编码，这一点在正则项中有所体现。但是由于 SPC 法和 LCC 法解决的是一个 1 范数问题，其求解往往是复杂且烦琐的，通常需要很多的优化策略才能进行求解。所以 LLC 法将问题进一步放松为 2 范数问题。一方面 2 范数具有很好的稀疏性，同时也提高了编码的抗噪性。实现时 LLC 法采用近邻搜索，搜索距离该元素最近的 k 个码字，根据元素与码字的欧氏距离赋予不同码字不同的权值，而其他码字的权值为 0，通常 $k=5$，因此，LLC 法的特征向量是高度稀疏的。

LLC 法是一种带局部约束的线性编码方式。局部约束的方式使得编码结果更准确，而线性的约束使得所获得的编码是稀疏的，提升了分类器训练速度和分类速度。LLC 法的数学表达式为

$$\min_c \sum_{i=1}^M \|x_i - Bc_i\|^2 + \lambda\|d_i \odot c_i\|^2 \quad 约束条件 \quad 1^T c_i = 1 \tag{5.3}$$

式中，$X = \{x_1, x_2, \cdots, x_N\}$ 是原始图像分块后获得的特征描述子集合，BOF 模型通过学习得到的字典 B 对 X 进行编码，其中每一块 x_i 的编码结果为 c_i，后面的 $\odot$ 表示点乘操作。d_i 是 x_i 和 B 的欧式距离，通常 d_i 被归一化到 (0, 1]。$1^T c_i = 1$ 的约束表示各图像的编码都是归一化的，也就是 c_i 的和是 1。后面的约束项采用的是 2 范数而不是 1 范数或者 0 范数，通常 2 范数方程更容易求解，LLC 法实际操作时，编码结果往往只有几个明显的数值，加之采用阈值限制，使很多系数为 0，从而使编码结果为一个稀疏向量。式 (5.3) 中的正则项使得编码效率和效果都有所提升。而所谓的局部约束是指编码时先从字典中搜索 k 个距离 x_i 最近的码字，这就是 KNN 理论，并用这 k 个码字对 x_i 进行编码，通常 $k=5$。

(3) 投票法

投票法在编码中是一种常见方式，按照投票数可以分为近邻投票法和枚举投票法。近邻投票法是由最近的 k 个邻居码字进行编码，枚举投票法是所有码字都参与编码。另外每个码字的话语权不一定相同，通常会有相应的手段或者函数来描述不同码字的话语权的强弱。VQ 法可以看作是一种"一锤定音"的投票方式，

因为 VQ 法的投票机制只允许距离元素最近的码字进行投票，也就是该码字具有绝对话语权，因此 VQ 法中也就不存在权重分配问题。

localized soft assignment (SA-k) 法：SA-k 法 [7] 是在 VQ 法的基础上引进话语权分配策略，其编码公式如下

$$\varphi(x) = \frac{I(x,d_j)\exp(-\beta\|x-d_j\|_2^2)}{\sum\limits_{j=1}^{M}\exp(-\beta\|x-d_j\|_2^2)} \tag{5.4}$$

根据元素与码字之间的欧氏距离进行权值分配，并且 SA-k 法也通过近邻搜索方法搜索最近的 k 个码字，使这 k 个码字具有投票权，其他码字的权值为 0。其中，$I(x,d_j)$ 只能为 1 或 0，当 d_j 是 x 的 k 近邻时，$I(x,d_j)$ 为 1，否则为 0。另外，β 是一个平滑参数，用于调整权重的平滑度。SA 可以看作是 SA-k 的一种特殊情况，在 SA[8] 中 k 趋近于码字字数，也就是所有码字都具有话语权，这加重了 SA 的计算量和复杂度。另外还有两种编码方式 salient coding (SC)[9]、group salient coding (GSC)[10] 也具有上述思想，只是编码方式略有不同，这里不再赘述。

(4) 聚合向量法

聚合向量法因聚集诸多特征而得名，所以该方法所得的特征向量非常庞大，加重了分类器的负担。其中, fisher vector (FV) 法 [11] 和 vector of locally aggregated descriptors (VLAD) 法 [12] 较为突出。

FV 法较为复杂，它的字典学习方式必须是 gaussian mixture model (GMM) 法 [13]，需要对数据进行主成分分析 (PCA) 白化处理，否则最终效果会比较差。其大致原理为特征集可以用参数为 $\theta = \{\mu, \delta, \sum\}$ 的高斯分布进行描述，可以将这些分布看作 BOW 模型中的字典；然后用 x 在高斯分布中的梯度 $G(\theta)$ 表示其特征；经过一些矩阵变换后得到最终的 FV。通过式 (5.7)~式 (5.10) 可计算出 FV。

$$G_\theta^x = \nabla_\theta \log p(x;\theta) \tag{5.5}$$

$$S_\theta^x = L_\theta G_\theta^x \tag{5.6}$$

$$S_{\mu,k}^x = \frac{1}{\sqrt{\pi_k}}\gamma_k\left(\frac{x-\mu_k}{\delta_k}\right) \tag{5.7}$$

$$S_{\delta,k}^x = \frac{1}{\sqrt{2\pi_k}}\gamma_k\left[\left(\frac{x-\mu_k}{\delta_k}\right)^2 - 1\right] \tag{5.8}$$

$$\gamma_k = \frac{\pi_k N(x;\mu_k,\sum\limits_k)}{\sum\limits_{i=1}^{K}\pi_k N(x;\mu_i,\sum\limits_i)} \tag{5.9}$$

$$\text{FV} = \left[S_{\mu,1}^x, S_{\delta,1}^x, \cdots, S_{\mu,K}^x, S_{\delta,K}^x \right] \tag{5.10}$$

$$\text{VLAD} = \left[(x_{d,1}), \cdots, (x_{d,K}) \right] \tag{5.11}$$

γ_k、S_μ、S_δ 分别代表字典出现的频率、x 在此处的一阶梯度和 x 在此处的二阶梯度。然而由于字典规模较小，其统计量 γ_k 效果并不理想，因此常用的 FV 由一阶梯度和二阶梯度组成，如式 (5.10) 所示。

相比较而言，VLAD 可以看作 FV 的一种简化版本 (只包含一阶梯度)，可以不经过白化处理，字典学习方法也不受到限制，通常选择 k-means。其编码速度快很多，但性能比经过 PCA 白化处理后的 FV 要差一点。

Super vector coding (SVC) 法 [14] 先将元素进行 VQ 编码，然后将不同特征聚合成特征向量，更多细节请参考原文献。

(5) 其他方法

空间金字塔匹配 (spatial pyramid matching，SPM) 是一种利用空间金字塔进行图像匹配、识别、分类的算法。SPM 是对 BOW 模型和 BOF 模型的改进和提升，因为 BOW 模型和 BOF 模型是在整张图像中计算特征点的分布特征，进而生成全局直方图，所以会丢失图像的局部/细节信息，无法对图像进行精确的识别。SPM 算法的提出是为了进一步改良 BOW 模型和 BOF 模型，虽然 SPM 算法性能有所提高，但仍然无法克服 BOW 模型和 BOF 模型的固有缺点，因为 SPM 算法是在不同分辨率上统计图像特征点分布，从而获取图像的空间信息。一般的 SPM 算法有两个特点：① 抽取不同尺度下的特征，并组合在一起；② 将不同长度的特征转化为定长的特征，然而 BOW 模型和 BOF 模型中经过编码的特征一般是定长的，所以这一点没有显示出来。但经过 SPM 算法后其特征长度会被加长数倍。

5.1.3　编码方法对比

首先选择 SIFT 描述子作为特征来评测这几种方法。在 Swedish 数据集上对每类叶片随机选择 10 个样本作为训练样本，用线性支持向量机作为分类器，对剩余样本进行分类，并重复 10 次取平均识别率作为最终识别率。同时先对比几种方法的识别效果以及这几种方法与字典大小的关系。字典通过 k-means 方法和所有样本学习而来。我们将字典大小设置为 16~3000，一方面传统的 BOW 模型需要建立一个过完备的字典来提高识别效果；另一方面当字典大小变得很大时，字典学习的开销是非常高的，并且字典太大，特征向量长度也会变得非常大，这大大加重了分类器的负担，特别是对于聚合向量法。

首先最基本的方法——VQ 法是必选的，它是所有方法的基础。对于聚合向量法，由于 FV 法通常采用 GMM 法获得，而且必须对数据进行 PCA 白化，否则识别效果会比较差,甚至比其他方法都差,因此这里采用更为一般的 VLAD 法和 SVC 法。对于重构法这里选择最优秀的 LLC 法,然而对于投票法我们选择 SA-k 法。需要特别指出的是,我们将投票准则引入到 VLAD 法中,原始的 VLAD 法可以看作是 $k=1$ 的 VLAD-k,局部投票法 $k=5$。实验效果如图 5-3 所示。首先聚合向量法的稳定性更高,特别是字典比较小的时候。VLAD 法和 SVC 法在更多的情况下是相当的,而且性能和特质也几乎一致,其最优的字典大小在 128 与 256 之间,而且在此区间字典大小对性能影响甚微。

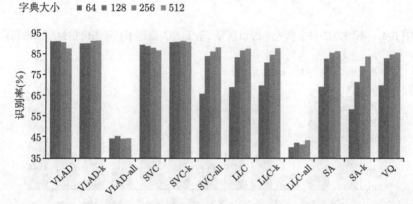

图 5-3　不同方法与字典大小的识别率 (基于 SIFT 描述子)(彩图请扫封底二维码)

另外,基于传统 BOW 模型的 LLC 法、SA 法、VQ 法对于字典大小的变化具有很强的依赖性。对于 Swedish 数据集而言,传统的 BOW 法要求字典大小大于 1000 才能取得与 VLAD 法较为接近的识别效果,而且识别率会随着字典大小的增大而提高。

虽然投票法有助于提高编码的稳定性和抗噪性,但是通常 all 的投票法会削弱识别效果,特别是在字典大小比较大的时候,图 5-3 的实验结果也证明了这一点,基于 all 的投票法效果是相当差的。但是这都是建立在字典中码字可靠性不佳的前提下 (通常距离编码元素越近的码字参考性越强),有效的特征之所以被淹没也正是因为码字中存在不可靠元素。倘若建立一个码字都有很强代表性的字典,all 的投票法应该可以取得很好的效果,通常距离元素最近的码字的代表性更强,因此选择投票法有助于提高系统的稳定性,有助于降低系统对字典的要求。

最后,我们采用 DPCNN 以及 SC 作为描述子进行相同的实验时得到相同结果,如图 5-4 和图 5-5 所示。

实验说明 VLAD 的效果是最好的,SVC 与 VLAD 效果相差不大,LLC 效果位居第三。但由于字典大小的限制,没有加入空间金字塔匹配,所以 LLC 还有进一步提升的可能性。所以下面将针对 VLAD 和 LLC 进行进一步的研究和分析。

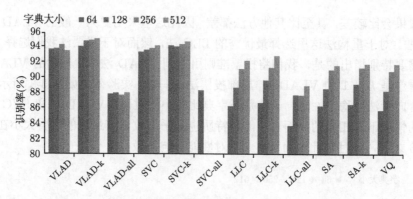

图 5-4   不同方法与字典大小的识别率 (基于 SC 描述子)(彩图请扫封底二维码)

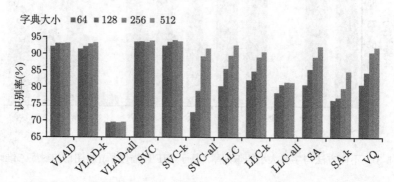

图 5-5   不同方法与字典大小的识别率 (基于 DPCNN 描述子)(彩图请扫封底二维码)

5.1.4 弱监督字典学习

字典的学习方式主要是通过 k-means 进行聚类, 聚类的中心便是字典的码字。这里我们并不打算研究 k-means 的具体的实现方式和细节。相对而言, 我们更关心 k-means 的资源开销, 如上文提到的一般的字典学习是无监督的, 学习的是所有数据中比较有代表性的码字, 对于某个码字 d_i 而言, 它与大部分数据是不相关的 (或者相关性很低), 然而在字典学习过程中要浪费大量资源和时间对这些数据进行分析计算。因此, 在数据量较大的时候, 我们只选择训练样本进行字典学习, 而且是对每一类样本学习一个大小固定的小字典, 并用这些小字典组成最终的字典 (本章只涉及这两种 k-means 字典学习方式, 因此后文称前一种学习方式为无监督字典学习, 后一种为弱监督字典学习)。

由前面实验可知, 对于 Swedish 数据集而言, 字典大小不宜小于 128, 也不宜大于 1024。太大则资源开销较大, 太小识别效果较差, 并且字典应尽量具有代表性。用每一类的训练样本训练 x 个码字, 最后用所有码字构成小字典。为了进一步压缩字典大小, 限定 $x < 20$。实验时我们仅选择 VLAD 和 LLC, 并加入局部投

票法提高稳定性。数据样本量也是一个原因,如果样本较小,并使 VLAD 的字典相对较大,有可能观测到弱监督学习效果要好的结果,但通过实验说明,在大数据情况下,特别是字典较小的情况下,经典的无监督学习方法能获得更具有代表性的字典,从而获得更高的识别效果。如图 5-6 所示,灰色和蓝色的线代表不同描述子的 VLAD 编码的识别率变化,绿色、黄色和橙色的线代表 LLC 编码的识别率变化。由图 5-6 可知,无论是 LLC 编码还是 VLAD 编码,无论是 SIFT、SC 还是 DPCNN 描述子,其识别率都在字典大小大于 90 后趋于稳定。但是 LLC 编码仍有较为缓慢的上升趋势,这主要是字典较小更适合 VLAD 的特性。另外,我们采用相同的样本训练字典 (无/弱监督) 并将字典大小设置为 300 以下,得到了和上述实验相同的结论。为了说明弱监督学习的效果,我们将字典大小为 90、120、150、210 的实验结果绘制成柱状图,进一步展示如图 5-7 所示。对于 SIFT 描述子而言,弱监督学习有较为明显的提升,对于 SC 描述子也有一定的提升。基于 VLAD 编码的 DPCNN 也有较为明显的提升,但基于 LLC 编码的 DPCNN 性能反而有所下降。由于 Swedish 数据集较小,仅仅包含 15 类,1125 个样本,为了进一步确定上述结论,需要在更大数据库中重复上述实验。我们选择了 MEW2012 数据集,它包含 153 类,9747 个样本。为了限制字典大小,采用弱监督学习方法学习字典,字典大小为 1530,然后对其进行 VQ 编码,选出编码率高的码字作为 VLAD 和 LLC 的字典,实验结果见表 5-2。

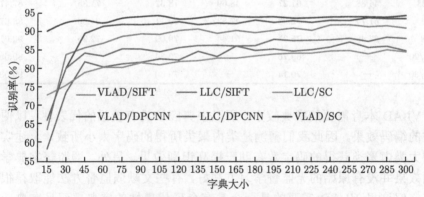

图 5-6　弱监督实验结果展示 (彩图请扫封底二维码)

　　由表 5-2 可知,3 种描述子的弱监督学习方法并没有提高识别率。特别是对于 LLC 方法,其识别率下降很多,VLAD 的弱监督方式下降稍小些,这与文献 [15] 的相关结论有所不同。这里 LLC 的弱监督方式识别率下降迅速的原因应该是字典太小,另外,由于 LLC 编码要求字典较大,且编码速度慢,性能较 VLAD 低,不适合应用到大规模识别问题中,因此后面将主要采用 VLAD 方式进行编码。

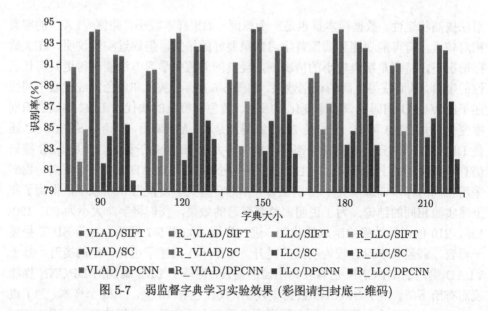

图 5-7   弱监督字典学习实验效果 (彩图请扫封底二维码)

表 5-2   MEW2012 数据集弱监督学习识别率

字典大小	识别率 (%)					
	SIFT/LLC	SIFT/VLAD	SC/LLC	SC/VLAD	DPCNN/LLC	DPCNN/VLAD
R64	40.68	61.18	43.87	78.40	67.60	83.89
R128	44.38	61.27	48.69	78.32	71.85	87.47
64	61.74	72.88	47.82	79.11	64.86	88.67
128	67.48	75.35	51.44	79.09	72.26	90.61
R128/20	—	69.76	—	79.34	—	89.65
R128/30	—	70.14	—	79.60	—	90.03

VLAD 本身需要的字典较小，所以字典应该具有较强的代表性，以便获得高效的编码效果。因此我们猜测是类内聚类所得的码字太小所致，上述实验表明增大类内聚类获得的码字数有助于提高识别效果。另外，弱监督字典学习的识别效果并没有原始的无监督学习方法好，有些文献弱监督方法能取得很好的效果，但这里 VLAD 需要的是一个具有全局代表性的字典，而且字典一般较小。虽然弱监督能降低字典学习的计算量，提高速度，但其代表性没有无监督学习好，这也是弱监督学习效果比无监督学习效果差的原因。另外，数据样本量也是一个原因，如果样本较小使得 VLAD 的字典相对较大，有可能观测到弱监督学习效果要好的结果，但通过实验说明，在大数据情况下，特别是字典较小的情况下，经典的无监督学习方法能获得更具有代表性的字典，从而获得更高的识别效果。

5.2　基于 BOW 与 DPCNN 的方法

5.2.1　形状上下文特征

形状上下文 (shape context，SC) 特征是一种比较流行的形状描述子，多用于目标识别。它采用一种基于形状轮廓的特征描述方法，在对数极坐标系下，利用直方图描述形状特征可以很好地反映轮廓上采样点的分布情况。形状上下文最初用于形状匹配，它充分考虑了形状的形变与尺度变换的问题，所以形状上下文具有较好的尺度不变性。形状上下文的获取过程如图 5-8 所示，主要包括以下 3 个步骤。

1) 对于给定的形状，通过边缘检测算子 (如 Sobel、Canny 算子) 获取轮廓边缘。

2) 对轮廓边缘进行均匀采样，得到一组离散的点集 $P = \{P_1, P_2, P_3, \cdots, P_n\}$。

3) 对于每个片段上的点，以其中任意一点 P_i 为参考点，以其为原点，建立极坐标系，周围与它相邻的点 (在极坐标覆盖的范围之内) 落于不同的小格子 (bin)，就表示不同的相对向量，这些相对向量就成为这个点的形状上下文。而对于整个片段可以取多个点，然后求平均 SC，用于表示片段。

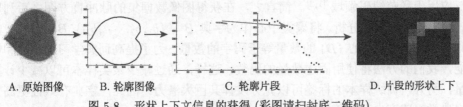

A. 原始图像　　　　B. 轮廓图像　　　　　　C. 轮廓片段　　　　　　　D. 片段的形状上下

图 5-8　　形状上下文信息的获得 (彩图请扫封底二维码)

B 和 C 中横轴均为列号，纵轴均为行号

5.2.2　算法结构

当 DPCNN 工作时，每次迭代，DPCNN 的输出都是一个二进制图像。在迭代后，将通过输入图像创建一系列脉冲图像。这些脉冲图像可以反映输入图像的各种特征信息。熵序列 (Ens)[16] 是基于脉冲图像通过下式计算的：

$$\mathrm{Ens}[n] = -P_1[n] \log_2 P_1[n] - P_0[n] \log_2 P_0[n] \tag{5.12}$$

式中，P_1 表示每个图像中 1 出现的概率；P_0 表示每个图像中 0 出现的概率；$[n]$ 表示第 n 张图像。

Ens 具有诸如旋转、尺度和平移不变的优点。这些特征在叶片图像识别中非常有用。一些研究者证明 [16-19]，Ens 优于时间序列、标准差和平均冗余。在文献 [17] 中，李小军等已经证明，与 ICM [18,20] 和 SCM 相比，DPCNN 建立的熵序列在特征提取方面具有最佳性能。这就是我们使用 DPCNN 提取叶片特征的原因。

虽然 DPCNN 获得的熵序列具有更好的性能，但仍不能满足植物识别的需求。因此，我们提出了一种新的特征提取方法，该方法包含以下步骤。

1) 获取并调节叶片图像。为了使以下步骤更简便，将图像转换为灰度图像。并在此步骤将图像分块。

2) 利用 DPCNN 模型对输入图像进行迭代，得到脉冲图像。然后每个脉冲图像被分成多个图像块。

3) 从图像块中计算脉冲直方图来表示低级特征。

4) 构建词典，并应用特定的编码策略，最后获得空间金字塔。

首先，我们提出了一种基于近似全局对应的方法来提高 Ens 表示的能力。该方法将脉冲图像划分为 C 个子区域，并计算所有子区域的 Ens。在每次迭代之后对每个子区域的熵进行计数。在 n 次迭代之后，每个图像都有 $C \times n$ 个描述符(为了将它们与 Ens 区别开来，这些描述符称为脉冲直方图)。叶片图像的所有脉冲直方图都会被计数。令 X_{nt} 为第 t 个区域 n 次迭代后的 Ens，则图像可描述为 $W = [X_{n1}, X_{n2}, \cdots, X_{nC}]$，其中，$C$ 是图像中的块数。C 由图像和块的大小决定，对于不同的图像，C 的值可能不相等。

其次，必须建立视觉码字字典。通过 k-means 进行字典学习的传统方法已广泛应用于稀疏编码领域 [1,2]。简言之，在获得图像数据集的脉冲直方图之后利用 k-means 进行聚类分析。将聚类中心作为字典 $B = \{b_1, b_2, \cdots, b_D\}, B \in R^{D \times n}$ 的码字，并且聚类中心 (D) 的数量等于码字的数量。为了提高词典学习的速度和性能，我们的方法将使用固定数量的码数。这样，通过减少聚类样本可以减少计算量，另外，训练样本的标签可以充分发挥其巨大潜力。因此，字典有效性更高且字典学习速度也有显著提高。

再次，使用 LLC 来计算纹理码字 H_{ij}。LLC 法速度快且量化误差小。LLC 在字典 B 中使用 k 最近邻来表示局部描述符，并分配每个邻域贡献的权重。由于传统的 BOW 框架将图像表示为无序的局部特征集合，因此利用了空间金字塔匹配 (SPM)[1] 法将 Ens 的空间布局信息添加到我们的纹理表示中。图像划分为 1×1、2×2 和 4×4 不同区域。文献 [1] 中的金字塔匹配核用于特征池化。SPM 可以用由粗到细的方式对局部纹理特征之间的空间信息进行编码，然后获得最终特征 S_{Ens}。

5.2.3 实验结果

1. 参数设置

表 5-3 列出了我们系统中使用的 DPCNN 模型的参数，总迭代次数为 20。

为了编码低级特征，LLC 编码时使用的最近邻数为 5。进行池化时，将叶片图像分为 1×1、2×2 和 4×4，总共 21 个块。

表 5-3　DPCNN 参数

参数	参数值
V_E	7
V_U	0.14
V_F	0.14
f	0.3
g	0.8
γ	2

对于分类，使用了快速且有效的 SVM 工具箱——线性 SVM [21]。从每个物种样本图像中随机选择 25 张图像作为训练集，其余部分将作为测试集，线性 SVM 用作分类器。为使结果可靠，每个识别率是 10 个随机测试的平均值。

2. 字典大小

为了研究字典大小对识别结果的影响，将字典大小设置为 $100p$，$p \in [1, 10]$，识别率如图 5-9 所示。假设字典大小为 D，首先，当 D 为 200 时，识别率达到峰值 97.23%。D 从 100 增加到 200 时，识别率从 96.64% 急剧增加到 97.23%。但是在达到峰值之后，识别率经历了下降趋势，并下降到 96.81%。随后，识别率在 96.88% 和 97.14% 之间波动。尽管当 D 达到 900 时识别率也有上升趋势，但需要大量计算才能确定 D 是否大于 1000。学习这么大的字典效率太低。为了获得较小的字典，对于 Flavia 数据集，D 限制为 320。

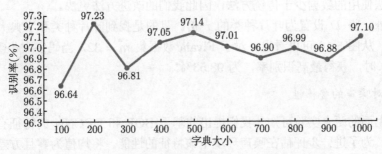

图 5-9　在 Flavia 数据集中字典大小与识别率的关系

3. 构建字典的方法

由于计算字典需要花费大量时间和资源 (如内存)，因此需要构建具有较高识别率的小字典，而且还需要减少计算量和复杂度。

我们尝试通过每个物种的训练集来构建字典。由于字典不必太大 (如图 5-9 所示，当 $D = 200$ 时获得最高识别率)，D 设置为 $m \times r$，$r \in [1, 10]$，m 表示数据集中的植物物种数 (如 Flaiva 数据集，$m = 32$)。用 k-means 对每个物种的所有数据进行聚类分析。由于同一物种树的叶子并不完全相同，导致这些数据具有一定程度的分散性，很难有效地收集到一个聚类中心。因此，聚类中心不能很好地表示一种植物。该方法记作传统的聚类方法。

因此，我们提出了一种改进的聚类方法。该方法对每个物种的数据进行聚类分析，得到 r 个聚类中心。整个数据集有 $32r$ 个聚类中心，它们是字典中的码字。为了得到小的字典，将 r 从 1 更改为 10。这两种方法都用来分类，其识别率对比如图 5-10 所示。

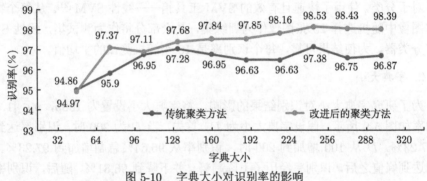

图 5-10　字典大小对识别率的影响

当 $r = 8$ 时，这两种方法都具有最高的识别率。这与之前实验结果一致。由图 5-10 可知，改进后的聚类方法比传统聚类方法具有更高的识别率。同时，由于改进方法使用的数据少于传统方法，因此我们的改进方法更快。

另外，将 D 设置为叶片种类的 r 倍。目的是找到叶片种类和字典大小之间的关系。从图 5-10 可以看出，对于 Flvaia 数据集 $m = 32$，当码字大小等于 256（即 $8m$）时，获得最高识别率，为 98.53%。

4. 对噪声的鲁棒性

从上面的两个实验可知，我们提出的基于 BOF 和 DPCNN 的特征有着很好的性能。为了进一步评估在噪声环境下该特征的性能。将均值为零且方差不同的高斯白噪声添加到叶片图像中，如图 5-11 所示。采用改进聚类法构建字典，大小为 8×32。10 次随机试验的平均识别率见表 5-4。

图 5-11 和表 5-4 显示，当 $\sigma = 0.05$ 时，很难从带有噪声的图像中找到叶脉，主脉（在红色框中标记）几乎是不可见的。当 $\sigma = 0.1$ 时，叶片轮廓开始模糊。当 $\sigma = 0.4$ 时，只能找到叶子的大致轮廓和位置。随着噪声级的提高，我们的纹理描述符仍然呈现不错的性能。随着 σ 的增大，识别率的总体趋势逐渐降低，但识别率仍处于较高水平。该方法具有很强的抗噪能力，可以从 DPCNN 模型的卷积结构和动态阈值中得出。

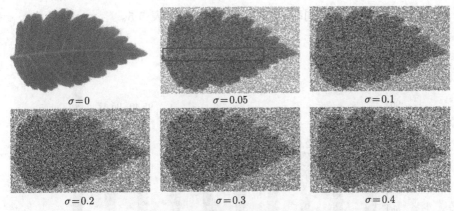

图 5-11　含有不同强度的高斯噪声图像 (彩图请扫封底二维码)

σ 为噪声强度

表 5-4　具有不同噪声的平均识别率

σ	识别率 (%)
0	98.53
0.05	92.66
0.1	90.50
0.2	87.19
0.3	86.20
0.4	83.52

5. 算法性能对比

PNN 是文献 [22] 中基于几个形态特征的方法，ZRM 代表了文献 [23] 的方法，MEW 是文献 [24] 中基于傅里叶变换的方法，BOW+SIFT 和 BOW+SC 是文献 [25] 中基于 BOW 的方法，ANN 是文献 [26] 中的方法，LLC+SIFT 是使用 SIFT 的原始 LLC 方法，PNN+HLF 是文献 [27] 的方法，ConvNet 是文献 [28] 中的深层卷积神经网络特征。这些方法的识别率从其文献中引用。除了 Flavia 数据集，我们还使用了 Swedish 数据集。

(1) Flavia 数据集中的测试

不同方法的比较结果如图 5-12 所示。可以看出，所有方法的识别率都在 90% 以上。我们提出的方法的识别率为 98.53%，是 10 次重复测试的平均值。BOW+SIFT 和 BOW+SC 的识别率非常接近。ZRM 和 ANN 也具有相似的识别率。PNN 的识别率最低。

(2) Swedish 数据集中的测试

我们将字典的大小从 m 更改为 $10m$。在瑞典数据集上 $m = 15$，当字典大小

等于 $8m$ 时，达到最高识别率 $(97.63 \pm 0.73)\%$，见表 5-5。

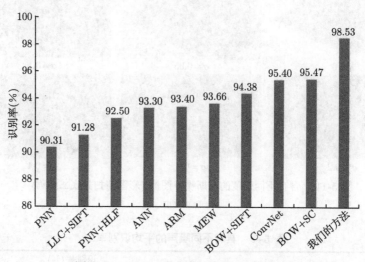

图 5-12　　Flavia 数据集上不同方法的识别率

表 5-5　　**Swedish 数据集中不同字典大小的识别率** $(m = 15)$

字典大小	识别率（%）
$1m$	88.87 ± 0.47
$2m$	93.29 ± 0.57
$3m$	96.68 ± 0.26
$4m$	95.80 ± 0.95
$5m$	97.07 ± 0.71
$6m$	96.97 ± 0.80
$7m$	97.19 ± 0.42
$8m$	97.63 ± 0.73
$9m$	97.25 ± 0.53
$10m$	96.65 ± 0.65

　　用于对比的方法包括傅里叶描述符方法 (Fourier)[29]、基于傅里叶变换的方法 (MEW) 方法[23]、形状上下文与动态规划 (SC+DP) 方法[29]、动态规划的内部距离形状上下文 (ISDC) 方法[29]、多尺度矩阵距离矩阵 (MMD)[30]、轮廓片段袋 (BCF) 方法[31]，正交局部判别样条嵌入 (OLDSE) 方法[32]、形状树 (ST) 方法[33]、鲁棒符号表示 (RSR) 方法[34]。现有方法的识别率来自对应的参考文献。我们提出的方法的识别率是随机 10 次重复测试的平均值。实验结果如图 5-13 所示。我们的方法获得的识别率最高，为 97.63%。SC+DP、OLDSE 和 Fourier 的识别率较低。

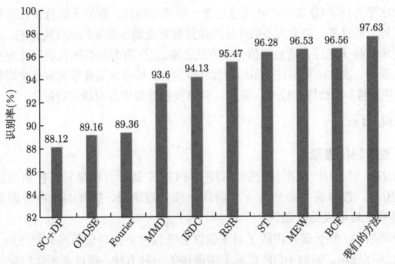

图 5-13　Swedish 数据集上不同方法的识别率

5.3　基于 BOF 与 DPCNN 的方法

5.3.1　算法结构

　　基于 BOF 和 DPCNN 的算法，是对基于 BOW 和 DPCNN 算法的改进，具体的算法流程如图 5-14 所示。它可以分为 3 个步骤：图像预处理、特征提取和分类。

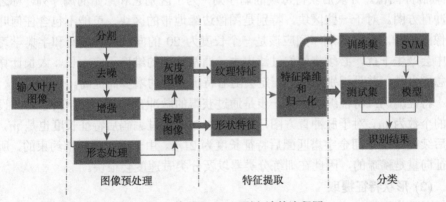

图 5-14　基于 BOF 识别方法的流程图

1. 图像预处理

　　叶片图像经过预处理以提高图像质量。图像预处理包含以下步骤。① 首先通过形态学方法提取目标区域，然后使用四边形包围目标区域，从原始图像中提取四边形并旋转到水平方向。② 如果叶片图像包含一些背景信息，则应去除背景，这样可以减少特征提取的计算。由于大多数叶片图像数据集是通过光学扫描仪构建的，因此图像背景简单且易于通过自适应阈值分割方法去除。③ 有时增强图像的对比度和纹理是很有必要的。该方法采用直方图均衡和线性拉伸；接着采用高通滤波器来增强叶片图像 (灰色图像) 的边缘和纹理；最后，从该灰色图像中提取纹理特征。

2. 特征提取

(1) 纹理特征提取

DPCNN 与 BOF 模型结合的 BOF_DPCNN 做叶片图像特征提取的过程如图 5-15 所示。该方法主要分为 4 个阶段：预处理阶段、DPCNN 脉冲图像的获取、底层特征提取及特征编码。

预处理阶段：预处理阶段除了对图像做去噪以及格式转化等基础操作外，还需要对图像进行分块。因为 BOF 是基于图像块的一种方法，所以必须先将图像进行分块。其实并不是真的将图像分成一个个的小块，而是获得图像的分块信息，或者说获取每一块在原图像中的坐标。一方面，为了 DPCNN 提取脉冲图像时能够获得整个图像的信息，我们是将整幅图像输入到 DPCNN 中，而不是将分块图像输入到 DPCNN 中。另一方面，DPCNN 不会改变图像的大小，也就是说 DPCNN 脉冲图像的尺寸和输入图像的尺寸是一致的。获得了原图像的分块信息，也就获得了脉冲图像的分块信息。避免重复地分块操作的同时，也提高了计算速度。

DPCNN 脉冲图像的获取：此处将迭代次数设置为 20，也就是每幅图像对应 20 幅脉冲图像。分块后获得每块的熵序列，为了区别它和原始的熵序列，称之为脉冲直方图。对于一些区块，特别是图像边缘地带的区块，可能不包含任何叶片图像的部分，它们的熵序列应该是一个长度为 20 的向量。在编码和字典学习过程中会产生干扰，必须将他们过滤出去。通常特征的维度不宜太长，太长计算量会急剧上升，并且识别效果不一定会随着特征维度的增多而提高。

特征编码：特征编码的第一步是通过获得的脉冲直方图进行字典学习。设字典的个数为 m，对于脉冲直方图，其长度为 20。经过编码后特征长度也是 m，经过后续的 3 层空间金字塔匹配后特征长度为 $21m$。由于编码是局部约束的，所以特征向量是稀疏的，因此在训练分类器以及分类时速度会很快。

(2) 形状特征提取

形状特征是一种重要的特征，广泛用于叶片分类中。例如，Leafsnap [34] 拍照识别植物软件是根据植物叶片的轮廓提取形状特征——曲率直方图进行识别。另外，形状上下文、不变矩 (invariant moment)[35]、中心–轮廓距离 (centroid-contour distance，CCD)、基于内距离形状上下文 (inner distance shape context，IDSC) 等一系列的形状特征在叶片识别中取得了很好的应用效果。

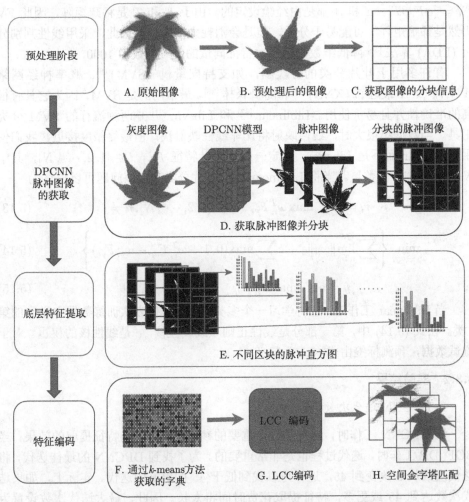

图 5-15　BOF_DPCNN 获取图像特征的流程图 (彩图请扫封底二维码)

　　我们采用一种基于形状上下文 (SC) 和 BOF 模型结合的形状特征提取方法将形状上下文用作每个片段的描述符。最后,轮廓片段包 (bag of contour fragments, BCF) 模型用于特征编码和合并,以便我们可以获得更有效的特征。与 BCF 不同,这里使用统一的采样方法和简单片段来提高特征分类的速度。诸如 BCF 之类的其他方法可能会获得更高的准确性,但是分类速度太慢。

(3) 特征融合与分类

　　BOF_DP 和 BOF_SC 特征的提取方法前面已经说明,这里介绍如何将两个特征融合为一个特征向量。令 F 和 T 分别表示 BOF_SC 和 BOF_DP 的特征。首先,将不同的权重 α 和 $\beta(\alpha + \beta = 1)$ 分配给 F 和 T,然后将特征向量表示为

$FV = [\alpha F, \beta T]$。α 和 β 都是由经验设定的。由于 F 和 T 是稀疏矩阵,因此 FV 仍然是稀疏矩阵,可能易于分类,但是会消耗大量内存。因此,采用线性判别分析 (LDA) 算法 [36] 降低维数。最后,特征向量的最终维数为 1000。

有许多用于叶片分类的分类器,如支持向量机 (SVM)[18]、概率神经网络 (PNN)[22]、K 最近邻 (KNN)[24] 和随机森林 [28]。最常用的是 SVM,因为它具有很高的准确性并且易于使用。Liblinear [37] 和 Libsvm [21] 是两种流行的 SVM 分类工具。当数据集很大时,线性映射将比非线性映射快,但最终精度接近。我们使用 Liblinear 而不是 Libsvm。给定一组训练叶特征 F_{v_i},$i \in [1, 2, \cdots, N]$,其中 N 是叶片物种的数量。当将 Liblinear 用于叶片分类时,该问题可以描述为

$$r_i = \arg\ \max \omega_n^T F_{v_i} \quad n \in [1, 2, \cdots, N], n \neq i \tag{5.13}$$

$$\min_{\omega_1 \to \omega_N} \left\{ \sum_{n=1}^{N} \lim \|\omega_n\|_2 + c \sum_i \max(0, 1 + \omega_{r_i}^T F_{v_i} - \omega_{y_i} F_{v_i}) \right\} \tag{5.14}$$

$$\hat{y} = \arg\ \max \omega_n^T F_{v_i} \quad n \in [1, 2, \cdots, N] \tag{5.15}$$

当 Liblinear 工作时,它将学习一个多类空间,r_i 代表从训练数据中学到的第 i 类。在式 (5.14) 中,第一部分是线性正则项或线性核,c 是线性核的权重。对于测试数据,预测标签由式 (5.15) 定义。

5.3.2 实验结果

1. DPCNN 迭代次数的影响

当 DPCNN 工作时,迭代是一个重要的参数,它将影响特征提取的效果。当 BOF_DP 工作时,迭代过程也是非常重要的。为了找到 DPCNN 的最佳迭代,将迭代次数从 5 改变到 45,这样可以找到低于 45 的更好的迭代。实际上,如果迭代次数达到 45 或更多,特征提取花费时间将太长。因此,最大迭代次数设置为 45。另外,当迭代次数过大时,熵序列呈现近似周期序列特性。也就是说并不是迭代次数越多越好,相反,序列太长反而会降低特征的效率。迭代次数与平均识别率的关系如图 5-16所示。可以很明显看出,识别率在急剧提高后达到了顶峰。在迭代次数为 20 的峰值之后,识别率稳步下降,并且不再出现上升趋势。很显然最好的迭代次数约为 20。

BOF_DP 在迭代次数为 20 时效果最佳,而传统 DPCNN 在迭代次数为 47 时效果最佳。迭代过程明显减少。在某种程度上,这可能是当图像被分成较小的部分时的子块处理方法引起的。每个块中的局部特征更为突出,但是当迭代过大时,将有一些不必要的数据被视为噪声。实际上,当迭代小于 20 时,也存在冗余和噪声。因此,一种有效的特征选择方法将有助于提高所提出特征的效率。

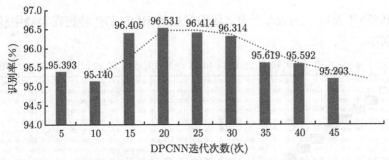

图 5-16   DPCNN 迭代次数与识别率的关系

2. 有效性和稳定性分析

通常，识别特征的识别率都会随着物种训练样本数的增长而提高。训练样本数从 5 变至 30 时，对应的识别率如图 5-17 所示。对于每个训练集，使用带有 LLC 编码的 SIFT 进行比较，并且对于每个特征，训练集和测试集保持相同。所有识别率为 10 次实验的平均。

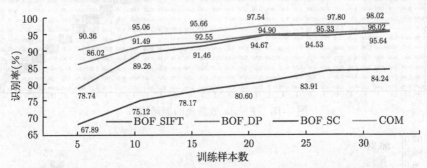

图 5-17   训练样本变化时，不同特征的识别率变化趋势 (彩图请扫封底二维码)

我们提出的 BOF_DP 特征显示出比 BOF_SIFT 更好的效果。BOF_SIFT 和 BOF_DP 都比 BOF_SC 更好，并且将 BOF_DP 和 BOF_SC 结合使用时，识别率在 Flavia 数据集上达到最高水平。图 5-18 中对角线列出了每个物种的识别率，第 i 行第 j 列的项是物种 i 被误识别为物种 j 的样本图像的百分比，每个类别的训练样本数为 30，而 Flavia 数据集的最终识别率为 98.20%。

3. 与其他特征的比较

我们提出的特征与其他特征进行了对比，如图 5-19所示，BOF_DP 表示建议的特征，BOW+SIFT 表示文献 [25] 的特征。BOW+SC 也是从文献 [25] 中基于 SC 和 BOW 的建议方法。LLC+SIFT 是使用 SIFT 的原始 LLC 方法 [1]，ConvNet 是文献 [28] 中的深层卷积神经网络特征，MEW [24] 是基于傅里叶变换的方法。VGG16 和 VGG19 [38] 是基于 CNN 的预训练模型，MLAB (边缘、叶、尖端和基部)[39] 是叶子的表型特征。我们提出的 BOF_DP 特征在实验中获得了最高的识别率。

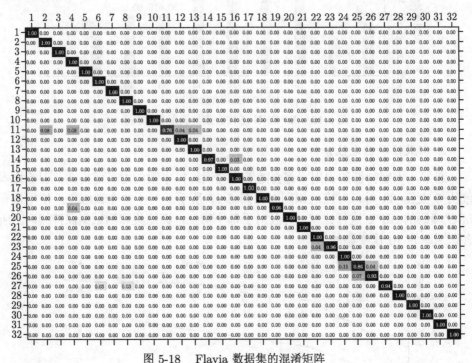

图 5-18　Flavia 数据集的混淆矩阵

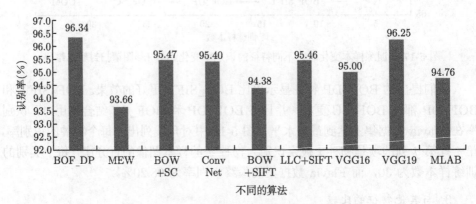

图 5-19　Flavia 数据集上的分类识别率比较

4. 算法性能对比

在这一部分中，还将我们提出的方法 DPCNN 与其他组合在 Flavia 数据集中进行了比较。ZRM [23] 是一种基于 Zernike 矩的方法。Com_CNN 是使用比例曲线直方图和 ConvNet 框架等的组合方法。PNN+HLF 是参考文献 [27] 的方法。Z&H

表示文献 [40] 基于 Zernike 矩和定向直方图的方法。DBSC [41] 是基于变形的弯曲形状表示空间，并提出了一种 k-均值聚类的适应方法用于 DBSC 中的形状分析。2DPCA 和 2DLDA [42] 分别是基于 2D 的主成分分析 (PCA) 和直接线性判别分析 (DLDA) 方法。MLBP [43] 是一种基于改进的局部二进制模式提取纹理特征的方法。实验结果如图 5-20 所示。不难看出，DPCNN 方法在性能上表现最好。

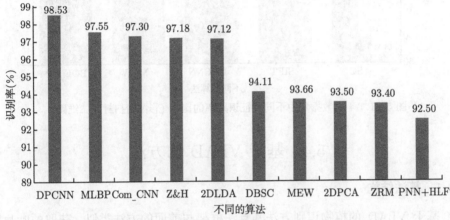

图 5-20　不同方法在 Flavia 数据集中识别率的比较

为了测试我们提出的特征和识别系统的有效性和可扩展性，还使用了其他 3 个著名的叶片数据集 ICL [30]、Swedish、MEW2012 [24] 进行测试。在表 5-6 中，列出了 4 个数据集中的叶图像总数和种类数。

表 5-6　4 个数据集的详细信息

数据集	总图像数	训练数/测试数	物种数 (种)
Swedish	1125	550/570	15
Flavia	1907	945/962	32
MEW2012	9745	4839/4906	153
ICL	46848	8397/8451	220

如图 5-21 所示，BOF_DP 在 4 个数据集上的效果均优于 SIFT 和 MEW。BOF_DP 在 4 个数据集上都具有最先进的性能。与 SIFT 和 MEW 不同，当数据集变大时，建议的特征 BOF_DP 仍然显示出较高的效果。基于该特征提出的叶子识别框架也比实验中的其他方法显示出更好的识别率。

由于 ICL 数据集包含许多叶片图像，因此大多数方法总是将一部分 ICL 数据集用于测试。在本文中，为了与方法 MEW 进行比较，遵循 MEW 的设置。在每个数据集上，对于每个物种，随机选择一半叶片图像作为训练集，其余的作为测试集。假设种类数为 P，如果 P 为偶数，则训练叶图像数为 $P/2$，否则，训练叶图像数为 $(P+1)/2$。最后，训练集和测试集将大致相等 (实际上，测试集大于训练集)。

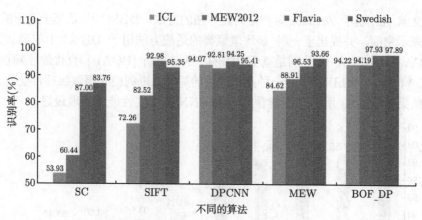

图 5-21   4 个数据集中不同特征识别率的比较 (彩图请扫封底二维码)

5.4   基于 VLAD 的方法

5.4.1   算法结构

基于 VLAD 的植物识别方法其算法框架与前面的方法类似。获取的叶片图像分别使用 DPCNN 和 SC 对图像进行特征提取，然后对获得的特征使用 VLAD 算法进行编码。接着对这两个特征编码进行融合处理，融合后的特征送入 SVM 进行分类。

单一特征往往有各自的局限性，并且识别效果相对较差，所以需要将不同的特征融合在一起，以期获得更好的识别效果。这里着重讲特征融合策略，如图 5-22 所示。首先将 DPCNN 和 SC 特征训练样本进行 VLAD 编码，然后用编码后的特征和类别标签训练不同的 SVM 模型，得到不同的 SVM 特征选择器，选择器可以用作特征选择。将经过变换的特征分配不同的权重并将其组合起来得到最终的特征。

因此，融合后的特征可以用式 (5.16) 表示：

$$F = \sum_{i}^{k} w_i W_i \tag{5.16}$$

式中，F 为最终特征；W_i 是经过 SVM 变换的特征；w_i 是不同特征对应的权重。

采用选择 SVM 分类器作为评分系统，以 SVM 输出权重代表该特征的权重。在这里 SVM 就是一个特征选择器，将最初的特征映射到许多超平面上，并根据训练样本在不同超平面上的映射以及类间距离，经过一系列的筛选评价，最终形

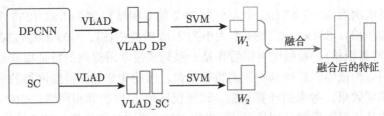

图 5-22　　特征融合示意图 (彩图请扫封底二维码)

成一系列的权重系数。通常，系数的维度与类别数量相同，并且 SVM 分类器最终的分类依据也是这一权重系数，所以采用 SVM 作特征选择器有利于后续的 SVM 分类，并且降低了特征维度。更重要的是，由于 SVM 中的正则项的作用，使得变换器对特征有筛选的作用，原先特征中的噪声干扰被削减甚至剔除。因此，这里 SVM 有特征选择和特征降维两个作用。

5.4.2　实验结果

1. 深度特征

近年来，随着深度学习技术的逐渐成熟，深度学习的一个重要分支——卷积神经网络 (CNN) 被广泛应用到视频、文字、图像处理等领域。关于 CNN 的具体实现有各种不同版本。这里使用的深度特征是采用一种基于空间金字塔匹配的卷积神经网络 (spatial pyramid pooling convolutional neural networks，SPP_CNN)[44] 获取的，该网络不限制输入图像的尺寸，且效果非常好。

SPP_CNN 包括两部分，CNN 部分和 SPP 部分。其中，CNN 是一个不含全连接层的卷积神经网络，正因为不包含全连接层，所以该网络不要求输入图像尺寸固定。SPP_CNN 中特征提取主要是依赖 CNN，而 CNN 主要是通过把网络中间某一层的输出当作图像的特征，从而可以将其认为是经过网络学习到的特征，而通过加深网络的层数进一步抽取高层的特征使得这些特征能更好地区分。通常，网络中包含大量参数，其训练 (学习) 过程主要是通过反向传播算法和梯度下降法来调节网络的参数，使损失函数达到最低。这个过程非常缓慢而且计算开销很大，特别是在数据量和网络层数较多的情况下。但是经过训练的网络很容易用于数据的分类或识别，通常效果也很好，仅仅需要重新训练分类器。

SPP 是一个特征空间金字塔匹配层，这里 SPP 有两个作用：① 它将不同尺度的卷积层特征集合在一起，使最后的特征具有多尺度特性；② 由于不同尺度的图像产生的卷积图像大小不同，所以最后的特征会长短不一。SPP 将不同尺度的特征归一化成长度统一的特征向量，如图 5-23 所示的一个 3 尺度的 SPP_CNN。

这里采用的是 Zeiler 的 5 层 CNN①，并用 SPP 取代了原来的全连接层。CNN

---

① 此处的 5 层 CNN 是指 CNN 的总层数，并非指卷积层的层数。

的卷积层依次为 96×7×7 (96 个大小为 7×7 的卷积核)、256×5×5 (256 个大小为 5×5 的卷积核)、384×3×3 (384 个大小为 3×3 的卷积核)、256×3×3 (256 个大小为 3×3 的卷积核)。卷积层可以看作是一系列通过学习得到的特征提取器，图像通过不同卷积核卷积后得到不同的特征图像，因此加宽加深神经网络的规模有助于提高识别效果，考虑到计算开销，这里仅选用 5 层的卷积网络。CNN 处理图像更多的是依据图像的纹理信息 (这里将 CNN 提取的特征视为纹理特征)，对于轮廓图像卷积神经网络效果并不理想。

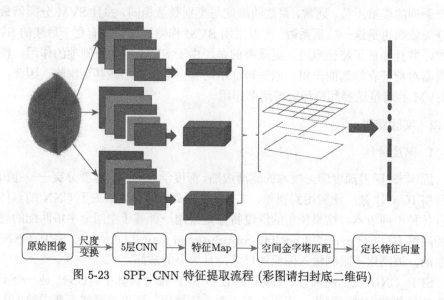

图 5-23   SPP_CNN 特征提取流程 (彩图请扫封底二维码)

2. 单特征评价

这里选取 5 个特征 SC、SIFT、SPP、DPCNN 和 HOG [45] 进行对比分析，分类器使用支持向量机，以识别率作为评价标准。首先在 Swedish 数据集上对每一类分别随机选择 5 个、15 个、25 个样本作为训练样本，其他作为测试样本，重复 10 次，取识别率的均值作为最后的识别率。

如图 5-24 所示，实验结果表明 SPP (即 SPP_CNN) 是最优秀的，其识别效果远远高于其他 4 种特征，但是其开销和计算量也是最高的。VLAD 编码方式的 SC 特征及 DPCNN 特征识别效果次之，SIFT 再次。作为基准的 HOG 特征虽然识别效果最差，但其资源开销很小，计算速度也是最快的。虽然这里并未引用很多方法，但是这几种方法是近几年用得比较多且效果很好的特征，由此足见我们提出的特征——VLAD 编码的 DPCNN 熵序列是一种很优秀的特征。

图 5-25 是训练样本为每类 15 个时在不同数据集上不同特征的表现，结果进一步确认了上述结论，并且我们提出的基于 DPCNN 的熵序列表现出相当不错的

效果。在样本较少的 Swedish 和 Flavia 数据集上，DPCNN 的效果与 SIFT 持平，或略低于 SIFT。但在样本较多的 MEW2012 和 ICL 数据集上 DPCNN 的表现远远高于 SIFT 和 SC。

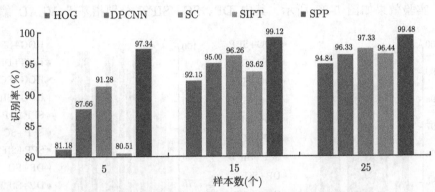

图 5-24　不同特征识别效果对比 (彩图请扫封底二维码)

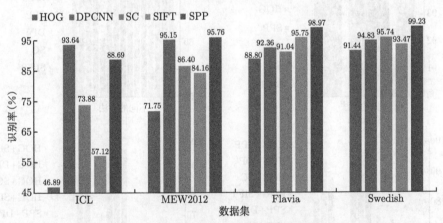

图 5-25　不同特征在不同数据集上特征表现 (彩图请扫封底二维码)

另外，SPP 特征的长度仅仅为 4096，远远低于 VLAD 编码，也就是说 VLAD 编码的特征存在很大冗余，有很大的压缩空间，目前这方面的研究比较少，主要手段是在前期对数据进行 PCA 白化，通过降低底层描述符的维度来降低最后特征的维度。

3. 融合特征评价

基于 SVM 的特征融合策略，对上述 5 种特征进行两两融合，为了检验融合后特征的效果，在 4 个数据库中分别随机地选择每一类的 15 个样本作为训练样本 (由于融合后的特征识别率很高，所以有必要减少训练样本数量，以降低识别率，防止识别率饱和)。上述 5 种特征进行两两融合后有 10 种方式，共计 15 种特征。分别用这 15 种特征进行识别，获得其识别率后重新选择训练样本重复上述实验。经过 10 次重复实验后以识别率的均值作为最终的评价标准。

实验效果如图 5-26 所示。其中 DP、SC、SIFT 分别指基于 VLAD 编码

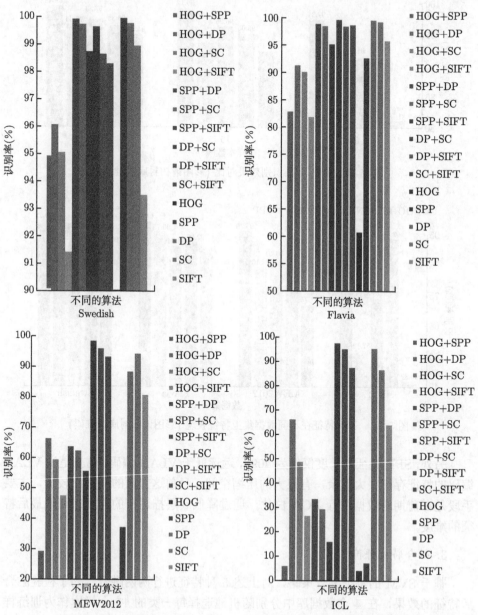

图 5-26   基于 SVM 的特征融合方法在不同数据集上的表现 (彩图请扫封底二维码)

后 DPCNN、SC、SIFT 的特征,SPP 指 SPP_CNN。首先在 Swedish 数据集上,各个特征识别率都很高,其中,最好的特征组合是 SPP+DP,其次较好的是 SPP+SC、DP+SC、SPP+SIFT、DP+SIFT,单独的特征识别率由高到低的顺序为 SPP、DP、SC、SIFT、HOG,在 Flavia 数据集上,不同特征性能的差异更为明显。其中,最好的特征组合是 DP+SC,SPP+DP 次之,然后依次是 SC+SIFT、SPP+SC、DP+SIFT。另外,SVM 变换对 SIFT、SC 以及 DP 特征都有明显的提升效果。

对于 MEW2012 数据集识别率前 5 的特征依次为 DP+SC、DP+SIFT、SC、SC+SIFT 及 DP。在 ICL 数据集上识别率前 5 的特征依次为 DP+SC、DP、DP+SIFT、SC+SIFT 及 SC。以上结果表明,在样本较大时 DP 的性能初步与 SPP 持平,甚至超越 SPP。SVM 变换对基于 VLAD 编码的特征有很大的提升作用,这主要是因为 VLAD 特征维度较高,保留了很多细节信息,而且这些特征没有经过进一步的筛选,SVM 依据训练样本对其进行了最优化的筛选和权重分配,因此最后的实验效果才会有所提升。

经过上面的实验可知,选择基于 VLAD 的形状上下文 (SC) 特征作为形状特征,基于 VLAD 的 DPCNN 特征作为纹理特征,SVM 作为特征融合器以及分类器,是很好的植物识别方法。为了验证这一方法的有效性,我们进行了以下对比实验。

表 5-7 列出了近几年的一些方法和识别效果,在训练样本数相当的情况下,我们提出的 DP+SC 方法获得了较好的效果。

表 5-7　不同方法在各个数据集上的识别效果与样本数

方法	识别率 (%)	训练样本数/测试样本数	数据集
BOW+SC[15]	95.47	30/*	Flavia
BOW+SIFT[15]	94.38	30/*	Flavia
SURF+BOW[46]	95.94	1585/320	Flavia
KDES[47]	97.50	1585/320	Flavia
CNN+HCF[28]	97.30	*	Flavia
ICM+CDS[18]	97.82	761/*	Flavia
ZM+HOG[40]	98.13	1280/320	Flavia
PZM+some[48]	94.52	40/10	Flavia
PNN+HLF[27]	92.50	35/5	Flavia
SVM-BDT[49]	96.00	40/10	Flavia
PFT+some[50]	93.75	40/10	Flavia
FD1[24]	93.66	Half	Flavia
BCF[31]	89.60	25/50	Swedish
MMC[32]	88.30	40/35	Swedish
LDA[32]	88.61	40/35	Swedish
SLPP[32]	87.28	40/35	Swedish

续表

方法	识别率 (%)	训练样本数/测试样本数	数据集
LDSE[32]	88.36	40/35	Swedish
OLDSE-1[32]	89.16	40/35	Swedish
ZM+HOG[50]	97.18	50/25	Swedish
FD1[24]	95.86	Half	Swedish
LDE[51]	91.92	60/15	Swedish
DNE[51]	95.43	60/15	Swedish
SLPP[51]	90.87	60/15	Swedish
LSDA[51]	90.83	60/15	Swedish
SLPA[51]	96.57	60/15	Swedish
MDM-CD-A[30]	91.33	25/50	Swedish
FD0[52]	85.33	25/50	Swedish
AF[52]	89.60	25/50	Swedish
IDSC [53]	93.73	25/50	Swedish
HOG-MMC[53]	93.17	25/50	Swedish
FD0[52]	85.33	25/50	Swedish
FD1[24]	79.68	Half	ICL
FD1[24]	88.91	Half	MEW2012
DP+SC	99.64	25/60	Swedish
DP+SC	99.65	25/*	Flavia
DP+SC	99.19	25/*	LZU
DP+SC	98.35	25/*	MEW2012
DP+SC	97.53	25/*	ICL

注：除 DP+SC 方法外，其他方法的识别率均来自相应的文献。样本数较小时表示每一类的训练样本和测试样本数；样本数较大时表示整个数据库上的训练样本数和测试样本数；Half 表示训练样本和测试样本基本相等；* 表示未知

5.5　基于 BOW 的组合特征方法

5.5.1　Jaccard 距离与 Laws 纹理能量测量

1. Jaccard 距离

在图像处理中，可以使用不同的距离度量来计算图像之间的相似度，如欧氏距离、Jaccard 距离 [54]、高斯核距离、马氏距离 [55] 等。Jaccard 距离用来测量两个集合之间的差异性，Jaccard 相似系数用来测量两个集合之间的相似性。Jaccard 距离定义为 1 减去 Jaccard 相似系数。因此，可以快速计算二进制图像之间的 Jaccard 距离。假设二值图像为集合 A 和集合 B，则 Jaccard 相似系数 (J) 和 Jaccard 距离 (D_J) 表达式如下

$$J(A, B) = \frac{M_{11}}{M_{01} + M_{10} + M_{11}} \tag{5.17}$$

$$D_{\mathrm{J}} = 1 - J(A, B) = \frac{M_{01} + M_{10}}{M_{01} + M_{10} + M_{11}} \tag{5.18}$$

式中，M_{11} 是集合 A 和集合 B 中值均为 1 的总维数；M_{01} 是集合 A 值为 0 且集合 B 值为 1 的总维数；M_{10} 是集合 A 值为 1 且集合 B 值为 0 的总维数。在计算 Jaccard 距离和相似系数时，去除在两个图像中的值均为 0 的像素。该方法适用于评估叶片图像之间的相似性。

2. Laws 纹理能量测量

纹理分析是图像处理中一个很重要的任务，而 Laws 是纹理分析中的重要运算符。Laws 纹理能量测量的基本原理是先将小卷积核应用于数字图像，然后执行非线性窗口运算以提取图像的高频部分或低频部分。

本节提出的方法使用 5×5 微窗口来测量以像素为中心的小区域的灰度不规则性。通过对一组长度为 5 的一维卷积核进行卷积来获得二维卷积掩膜。一维卷积核由 4 个基本纹理矢量组成：水平级 (L)、边缘 (E)、斑点 (S) 和波纹 (R)。一维卷积内核如下

$$\mathrm{L5} = [1\,4\,6\,4\,1] \tag{5.19}$$

$$\mathrm{E5} = [-1\,-2\,0\,2\,1] \tag{5.20}$$

$$\mathrm{S5} = [-1\,0\,2\,0\,-1] \tag{5.21}$$

$$\mathrm{R5} = [1\,-4\,6\,-4\,1] \tag{5.22}$$

通过将水平一维核与垂直一维核卷积，可以获得 16 种不同的二维卷积内核。二维核名称显示在表 5-8 中。

表 5-8　二维核名称

卷积核	L5	E5	S5	R5
L5	L5L5	E5L5	S5L5	R5L5
E5	L5E5	E5E5	S5E5	R5E5
S5	L5S5	E5S5	S5S5	R5S5
R5	L5R5	E5R5	S5R5	R5R5

Laws 纹理能量测量有以下步骤 [56]。

1) 应用卷积核。首先将 16 个卷积核均应用于要进行纹理分析的有 M 行和 N 列的图像，然后可以获得 16 个 $M \times N$ 灰度图像。

2) 执行加窗操作。像素点处的纹理能量测量 (TEM) 替换 16 个 $M \times N$ 个图像中的每个像素。添加每个像素周围的局部邻域像素的绝对值，生成一组新的图像，即 TEM 图像。

3) 标准化特征。除 L5L5 内核外，使用的所有卷积内核均为零均值。将 L5L5 图像视为归一化图像，并且利用 L5L5T (图像通过 L5L5 卷积核的 TEM 图像) 将 TEM 图像逐个像素地归一化，即利用对比度对特征进行归一化。

4) 组合相似特征。组合相似的特征消除了维数特征的偏差。例如，L5E5T 和 E5L5T 分别对垂直和水平边缘敏感。通过将这些 TEM 图像加在一起，可以获得对简单的"边缘内容"敏感的单一特征。最终可以获得 9 个能量图，分别为 L5E5/E5L5、L5R5/R5L5、E5S5/S5E5、S5S5、S5R5/R5S5、R5R5、L5S5/S5L5、E5E5、E5R5/R5E5。

5.5.2 算法结构

基于 BOW 和组合特征的叶片分类算法分为 3 个步骤：图像预处理、特征提取并构造字典和特征分类。该方法的具体框架如图 5-27 所示。

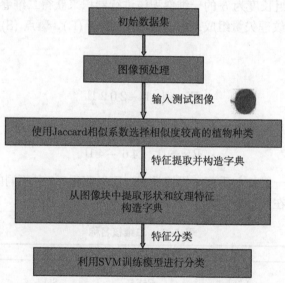

图 5-27 基于 BOW 的组合特征方法流程图

(1) 图像预处理

大多数数据库中的原始叶片图像都是随机角度定向的。因此，将图像几何旋转以将叶片放在图像的中心，并将叶柄放在底部、叶尖放在顶部。这项工作使得利用 Jaccard 相似系数进行相似度计算更加容易。此外，使用中值滤波器对图像进行去噪。

(2) 特征提取

在提取图像特征之前，首先使用 Jaccard 相似系数来计算测试图像与数据集中的图像之间的相似度。例如，在 Flavia 数据集中分别选择 5 个物种中的 30 个图像,并在第一个物种中选择一个图像作为测试图像。

　　首先,将输入的彩色图像转换为灰度图像,如图 5-28A 和图 5-28B 所示,由于相似性计算要求图像尺寸相同,因此调整图像尺寸,如图 5-28C 所示。此后,利用阈值为 0.1 的 Sobel 算子检测边缘并提取图像轮廓,如图 5-28D 所示。分别通过式 (5.17) 和式 (5.18) 计算测试图像与 Flavia 数据集中 5 个物种的平均 Jaccard 相似系数和平均距离,以此获得与测试图像更相似的物种,见表 5-9。

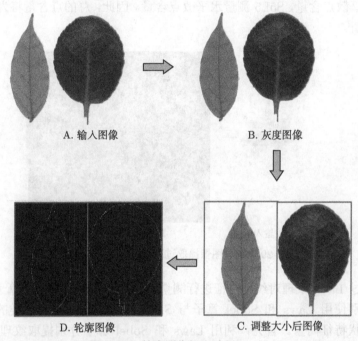

A. 输入图像　　　　　　　　　　B. 灰度图像

D. 轮廓图像　　　　　　　　　　C. 调整大小后图像

图 5-28　轮廓图像提取过程

表 5-9　平均 Jaccard 相似系数和平均 Jaccard 距离 (30 个图像)

物种编号	平均 Jaccard 相似系数	平均 Jaccard 距离
1	0.0336	0.9664
2	0.0049	0.9951
3	0.0068	0.9932
4	0.0027	0.9973
5	0.0024	0.9976

　　平均 Jaccard 相似系数越大表明该物种图像与测试图像越相似。由表 5-9 可以发现,物种 1 的 Jaccard 相似系数最大,由此可知,测试图像与物种 1 最相似。尽管在这组数据中由 Sobel 算子计算出的 Jaccard 相似系数非常小,但计算相似度的准确性比 Canny 算子和其他边缘检测算子更好。不同的阈值对应于不同的

轮廓图像，在该方法中选择 0.1 的阈值。此外，不同的阈值也会影响识别率，下文将对此进行详细说明。

通过计算平均 Jaccard 相似系数，可以排除一些与测试图像较不相似的物种，从而消除这些物种在识别中的负面影响。将平均 Jaccard 相似系数由高到低排序，从叶片物种 C 中选择较相似的物种 C_1 作为候补种类，并去除其余不相似种类。

图 5-29 中红色边框的图像是纹理图像。该图像是 S5L5/L5S5 的组合。L5S5 测量垂直散点含量，S5L5 测量水平散点含量。因此，总的点含量将为 S5L5/L5S5 的平均值。

A. 输入图像   B. Laws 能量纹理图像

图 5-29   纹理图像提取过程 (彩图请扫封底二维码)

通过 Laws 纹理对纹理特征进行测量和分析，并通过 Sobel 算子提取轮廓特征。分别使用 Laws 和 Sobel 算子与 SIFT 结合提取候选物种类的纹理特征向量和形状特征向量。首先，利用 Laws 和 Sobel 算子分别提取纹理和轮廓图像。然后，将两个图像分别划分为块，并分别从这些块中提取 SIFT 特征以形成特征向量。令 $T_{ij}(i = 1, 2, \cdots, C_1, \ j = 1, 2, \cdots, n)$ 和 $S_{ij}(i = 1, 2, \cdots, C_1, \ j = 1, 2, \cdots, n)$ 分别是第 i 个物种的第 j 个图像的纹理和形状特征向量。其中，C_1 是候选训练物种的数量，n 是每个物种的训练图像数量。令 T_{ijt} 和 S_{ijt} 分别为第 t 个区域的纹理和形状特征，则图像可以描述为 $T_{ij} = [T_{ij1}, T_{ij2}, \cdots, T_{ijM}]$ 和 $S_{ij} = [S_{ij1}, S_{ij2}, \cdots, S_{ijM}]$。其中，$M$ 是图像划分的块数。不同的图像具有不同的大小，M 的值也会不同。训练集的特征向量表示为

$$W_{ij} = [T_{ij}, S_{ij}] \tag{5.23}$$

该方法还对特征向量进行了加权，即提取训练图像的特征后，将每个物种的特征向量乘以相应的平均 Jaccard 相似系数。

$$W'_{ij} = J_i W_{ij} \tag{5.24}$$

其中，J_i 是第 i 个物种的平均 Jaccard 相似系数，$i = 1, 2, \cdots, C_1$。在大多数情况下，与测试图像之间具有最高 Jaccard 相似系数的物种与测试图像属于同一类型，或者测试图像物种的平均 Jaccard 相似系数位于最高的前三位。与测试图像相似的几个物种的 Jaccard 相似系数差异很小。因此，使用 Jaccard 相似系数不仅降低了复杂度，而且提高了识别率。当输入测试图像进行分类时，特征向量的加权系数就是测试图像的最大 Jaccard 相似系数。

(3) 构造字典

提取特征后，需要构建一个视觉码字字典。传统的 k-means 字典学习方法在稀疏编码领域得到了广泛的应用 [1]。在获得图像数据集的特征直方图之后，将 k-means 用于聚类分析。词典中的视觉码字由聚类中心组成，$B = [b_1, b_2, \cdots, b_D]$。聚类中心 ($D$) 的数量等于视觉码字的数量。固定码字数量可以提高字典学习的速度和性能。

此外，将金字塔匹配添加到传统的 BOW 模型中，在特征表示中加入空间信息。首先，将图像分成固定大小的块，如 1×1、2×2、4×4、16×16，如图 5-30 所示。然后，计算每个块中不同码字的数量。从左到右，计算每个块中不同级别的直方图。最后，将在每个级别中获得的直方图进行级联，为每个级别赋予相应的权重，并从左到右依次增加权重。

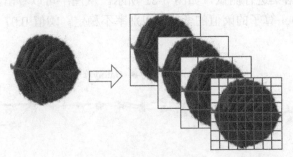

图 5-30　空间金字塔

(4) 特征分类

为了保证分类结果的准确性和可靠性，采用十倍交叉验证和五倍交叉验证的测试方法。数据集的图像样本分为训练集和测试集两个子集。这里采用常用的支持向量机 [18] 作为分类器，具体参数见下面的叙述。

5.5.3　实验结果

(1) 参数设置

参数的设置可极大地影响识别的性能。这里选择样本图像的块大小设置为 48，金字塔的金字塔级别为 4，以提取详细的底层特征。如图 5-30 所示，将叶子图像分为 277 个块。

支持向量机 (SVM) 有许多不同的情况, 核函数的选择在 SVM 的性能中起着关键作用。在这里, 选择径向基函数作为核函数, 也称为高斯核函数。核函数表达式如下

$$k(x, y) = \exp(-\gamma \|x - y\|^2) \qquad (5.25)$$

径向基函数是一个实值函数, 其值仅取决于特定点的距离, 如式 (5.26)。

$$\varPhi(x, y) = \varPhi(\|x - y\|) \qquad (5.26)$$

目前, 有许多常用的叶片数据集用于评估识别方法的性能。这里选择了 5 个叶片数据集来评估所提出的识别方法, 分别是 Flavia 数据集、Swedish 数据集、LZU 数据集、ICL 数据集和 MEW2012 数据集。

(2) Sobel 和 Canny 算子阈值的影响

Sobel 和 Canny 算子是检测图像边缘的重要方法。由不同阈值的 Sobel 和 Canny 算子提取的边缘图像也不同, 这对 Jaccard 相似系数计算的相似性结果有很大的影响。通过分别改变 Sobel 和 Canny 算子的阈值, 观察 Sobel 和 Canny 算子之间的影响以及不同阈值对识别率的影响。将阈值设置为 $0.01p(p \in [1, 20])$, 选择 Flavia 数据集进行测试, 如图 5-31 所示。从图中可以看出, 在阈值为 0.07 之前, 随着 Sobel 算子的阈值的变化, 识别率不稳定。阈值 0.07 之后, 识别率稳定在 98% 左右。

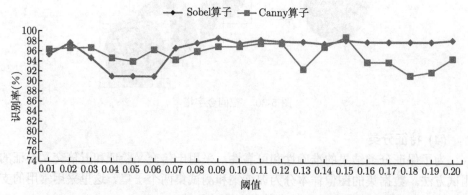

图 5-31　Flavia 数据集中 Sobel 和 Canny 算子的阈值与识别率的关系

随着 Canny 算子的阈值改变, 识别率非常不稳定。识别率最高达 99%, 最小值为 91%。相比之下, Sobel 算子具有更好的稳定性和较高的识别率。因此, 选择阈值为 0.1 的 Sobel 算子来提取边缘信息以更好地区分候选类。

(3) 字典大小的影响

字典的计算需要花费大量时间。为了有效地进行识别和分类，需要建立一个较小的且具有较高识别率的字典，从而减少计算量和复杂度。为了研究字典大小 (D_s) 对识别率的影响并确定字典大小，将字典大小设置为 $100n(n \in [1, 10])$。在图 5-32 中，我们可以观察到当 D_s 从 100 增长到 300 时识别率逐渐增加，在 400 至 500 时趋于稳定。此后，识别率随着 D_s 增加而逐渐降低。由于当 D_s 为 300、400 和 500 时识别结果较接近，且学习大字典效率不高。因此，在所有数据集中将 D_s 设置为 350。

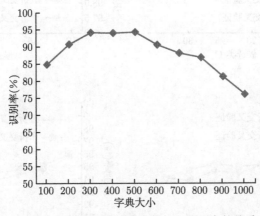

图 5-32　ICL 数据集中字典大小与识别率的关系

(4) 候选类 C 的影响

从文献 [54,57] 中可知，候选类的数量可以是数据集中物种数量的一半或三分之一。实际上，候选类 C 的大小会影响模型的复杂性和训练时间。因此，确定候选类的数量非常重要。分别使用 Flavia 数据集、LZU 数据集、MEW2012 数据集和 ICL 数据集来测试候选类的数量对识别率的影响，并设置 MEW2012 数据集和 ICL 数据集的候选类 C 为 $\left[\frac{1}{3}T, \frac{1}{2}T\right]$，Flavia 数据集及 LZU 数据集的候选类 C 设置为 $\left[\frac{1}{3}T, T\right]$，其中 T 为数据集中所有物种的数量。现讨论所提方法在以下两种情况下候选类 C 数量对识别率的影响。① 五折交叉验证，即将所有数据分为 5 部分，每次选择 1 个部分进行测试，其余 4 个部分进行训练。共进行 5 次测试，并将结果平均。② 十折交叉验证，即将所有数据分为 10 部分，每次选择 1 个部分进行测试，其余 9 个部分进行训练。总共 10 次测试，并将结果平均。这 4 个数据集的实验结果显示在图 5-33 中。

如图 5-33A~C 所示，Flavia 数据集、LZU 数据集和 MEW2012 数据集中的

候选类 C 的数量对识别率的影响很小。但是在 ICL 数据集中，识别率随着候选类的数量的增加而降低 (图 5-33D)。当有 70 种候选类时，识别率可以达到 96%，但是当候选类的数量为 100 时，识别率可以达到 92%。同时，考虑到复杂性将随着候选类的数量的减少而降低，选择总物种数量的大约一半作为小型数据集候选类的数量，并选择总物种数量的三分之一作为大型数据集候选类的数量。

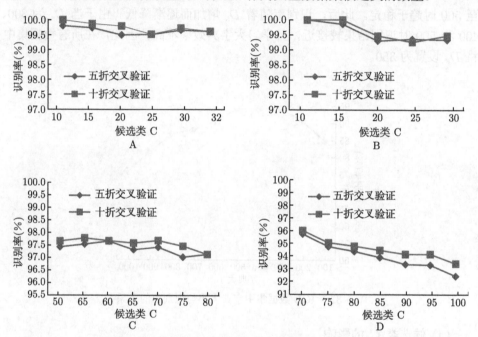

图 5-33   识别率与不同候选类 C 的数量之间的关系

A. 在 Flavia 数据集上进行的实验；B. 在 LZU 数据集上进行的实验；C. 在 MEW2012 数据集上进行的实验；
D. 在 ICL 数据集上进行的实验

(5) 噪声鲁棒性

为了证明我们所提方法的抗噪性能，在 Flavia 数据集的图像中添加了椒盐噪声，以观察识别率的变化。如图 5-34 所示，将不同密度的椒盐噪声添加到图像中。随着噪声密度的增加，图像清晰度降低，其中，d 是噪声密度，并且 d 的值是从 0 到 0.5，即具有噪声值的图像区域的百分比是从 0% 到 50%。10 次随机实验的平均识别率如图 5-35 所示。

当加入密度 (d) 为 0.1 的椒盐噪声时，平均识别率从 99.7% 下降到 99.2%。当 $d = 0.2$ 时，平均识别率急剧下降至 94.6%。当 d 从 0.3 增加到 0.5 时，平均识别率从 93.1% 下降到 92.0%。

结果表明，即使噪声密度较大，我们提出的方法仍具有良好的性能，说明该方法具有较好的抗噪声能力。

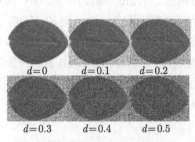

图 5-34　不同椒盐噪声的图像

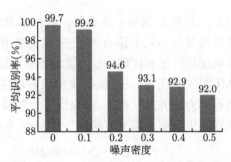

图 5-35　不同噪声密度下的平均识别率

(6) 算法性能对比

将部分现有方法与我们提出的方法进行对比。BOW+SIFT 是文献 [25] 中基于 BOW 的方法。BOW+DSIFT 是文献 [58] 中基于 BOW 的一种改进方法。BOW+Laws 是本节方法中去除由 Sobel 运算符提取的轮廓特征的方法。BOW+Laws+Sobel 是本节提出的方法。将这 4 种方法在 5 个数据集上的识别率进行比较，如图 5-36 所示。显然，我们提出的方法在 5 个数据集中具有最高的识别率。与 BOW+SIFT 相比，BOW+DSIFT 有着明显的改善，尤其是在 ICL 数据集上。与 BOW+DSIFT 的识别率相比，BOW+Laws 的识别率也有了显著提高。BOW+Laws+Sobel 的识别率比仅提取纹理特征的 BOW+Laws 略好。

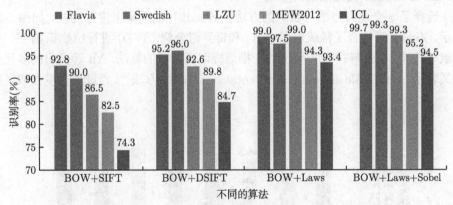

图 5-36　不同方法在 5 个数据集中识别率的比较 (彩图请扫封底二维码)

A. Flavia 数据集上的测试

在 Flavia 数据集上我们的方法与现有方法的比较结果如图 5-37 所示。所有比较方法的识别率都在 94% 以上，而我们的方法的识别率是 99.7%。在文献 [59] 中，十倍交叉验证用于测试混合特征的性能，我们的方法的十倍交叉验证结果为 99.8%，高于混合特征的 99.1%。在文献 [60] 中，从叶片图像中提取形状和边缘特征，并使用 KNN 分类器，获得了最低的精度。Wang 等使用 PCNN 提取叶片特征并与 SVM 结合 [61]。文献 [40] 的方法分别使用 Zernike 矩和 HOG 分别提取形状特征和纹理特征。旋转不变小波描述符 (RIWD)[62] 和改进局部二值模式 (MLBP)[63] 在 Flavia 数据集中具有相同的识别率。文献 [64] 提出了一种新的脉络检测方法并且文献 [65] 提出了一种新的五步算法，两种方法的识别率很相似。比较结果表明，本节方法优于 Flavia 数据集中的其他方法。

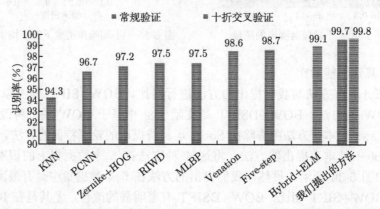

图 5-37   在 Flavia 数据集上我们的方法与现有方法进行比较 (彩图请扫封底二维码)

B. Swedish 数据集上的测试

选择了 8 个现有方法与我们的方法在 Swedish 数据集上进行比较，如图 5-38 所示。Zhang 等结合了稀疏表示 (SR) 和奇异值分解 (SVD) 进行植物识别 [66]。在文献 [67] 中，Sun 等提出了用于特征描述提取高函数的算法。Yu 等提出的多尺度交叉表示 (multiscale crossing representation, MCR) 方法[68] 通过多尺度提取了叶

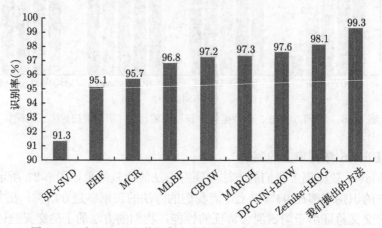

图 5-38   在 Swedish 数据集上我们的方法与现有方法进行比较

片轮廓和脉络特征。在文献 [69] 中，Zeng 等提出了一种基于曲率词袋 (curvature bag of words，CBOW) 的形状识别算法，该算法结合了曲率和词袋。多尺度拱高 (MARCH) 是 Wang 等提出的多尺度形状描述符 [70]。Wang 等结合了 DPCNN 和 BOW[61]。我们提出的方法获得了最高的识别率 (99.3%)，而 SR+SVD 方法获得了最低的识别率。EHF 和 MCR 的识别率高于 SR+SVD，但仍低于其他方法。MLBP、CBOW、MARCH 和 DPCNN+BOW 的识别率接近。Zernike+HOG 与其他方法相比具有良好的性能，但低于我们的方法。由图 5-38 的结果可知，我们提出的方法具有一定的优越性。

C. MEW2012 数据集上的测试

MEW2012 数据集中的物种数量很大并且每个物种都包含大量图像。我们提出的方法与其他方法的比较见表 5-10。

表 5-10 　在 MEW2012 数据集上我们提出的方法与现有方法的比较

方法	识别率 (%)
轮廓特征和傅里叶描述符结合	84.92
PCNN	91.2
JDBOW(我们提出的方法)	95.2

Novotny 和 Suk 提出了将轮廓特征和傅里叶描述符结合的方法 [24]，识别率较低。Wang 等提出了 PCNN，识别率高于轮廓特征和傅里叶描述符结合。我们提出的方法获得了最高的识别率 (95.2%)。

D. ICL 数据集上的测试

在这个对比实验中，我们提出的方法与其他方法的比较见表 5-11。

表 5-11 　在 ICL 数据集上我们提出的方法与现有方法的比较

方法	识别率 (%)
JDSR	93.4(五折交叉验证)
LWSRC	81.4(半折交叉验证)
CS	90.1(半折交叉验证)
JDBOW(我们提出的方法)	95.4(五折交叉验证) 91.8(半折交叉验证)

Zhang 等 [54] 提出了一种基于 Jaccard 距离的稀疏表示 (JDSR) 的两阶段方法。Zhang 等 [57] 结合了基于局部均值的聚类和基于稀疏表示的分类 (LWSRC)。Zhao 等 [71] 提出了基于计数的形状描述符 (CS)，并捕捉了叶片的全局和局部形状信息。JDSR 使用五折交叉验证对 ICL 数据集进行测试，而 CS 使用半折交叉验证进行测试。因此，我们在我们提出的方法中使用五折交叉验证和半折交叉验证来与其他方法进行比较。在五折交叉验证中，我们提出的方法的识别率比 JDSR

高 2%。在半折交叉验证中，CS 的识别率明显高于 LWSRC，而我们提出的方法比 CS 高 1.7%。显然，我们提出的方法优于其他方法。

参 考 文 献

[1] Lazebnik S, Schmid C, Ponce J. Beyond bags of features: spatial pyramid matching for recognizing natural scene categories[C]//2006 IEEE Computer Society Conference on Computer Vision and Pattern Recognition. Vol. 2. New York: IEEE, 2006: 2169-2178.

[2] Wang J J, Yang J C, Yu K, et al. Locality-constrained linear coding for image classification[C]//IEEE Conference on Computer Vision and Pattern Recognition. San Francisco: IEEE, 2010: 3360-3367.

[3] Sivic, Zisserman. Video Google: a text retrieval approach to object matching in videos[C]//Ninth IEEE International Conference on Computer Vision Proceedings. Nice: IEEE, 2008: 1470-1477.

[4] Tropp J A, Gilbert A C. Signal recovery from random measurements via orthogonal matching pursuit[J]. IEEE Transactions on Information Theory, 2007, 53(12): 4655-4666.

[5] Yang J C, Yu K, Gong Y H, et al. Linear spatial pyramid matching using sparse coding for image classification[C]//IEEE Conference on Computer Vision and Pattern Recognition. Miami: IEEE, 2009: 1794-1801.

[6] Yu K, Zhang T, Gong Y H. Nonlinear learning using local coordinate coding[M]//Bengio Y, Schuurmans D, Lafferty J D. NIPS'09: Proceedings of the 22nd International Conference on Neural Information Processing Systems. New York: ACM, 2009: 2223-2231.

[7] Liu L Q, Wang L, Liu X W. In defense of soft-assignment coding[C]//IEEE International Conference on Computer Vision. Barcelona: IEEE, 2012: 2486-2493.

[8] Van Gemert J C, Veenman C J, Smeulders A W M, et al. Visual word ambiguity[J]. IEEE Transactions on Pattern Analysis and Machine Intelligence, 2010, 32(7): 1271-1283.

[9] Huang Y Z, Huang K Q, Yu Y, et al. Salient coding for image classification[C]//IEEE Conference on Computer Vision and Pattern Recognition. Colorado: IEEE, 2011: 1753-1760.

[10] Wu Z F, Huang Y Z, Wang L, et al. Group encoding of local features in image classification[C]//Proceedings of the 21st International Conference on Pattern Recognition. Tsukuba: IEEE, 2012: 1505-1508.

[11] Perronnin F, Sánchez J, Mensink T. Improving the fisher kernel for large-scale image classification[M]//European Conference on Computer Vision. Berlin: Springer, 2010: 143-156.

[12] Jégou H, Douze M, Schmid C, et al. Aggregating local descriptors into a compact image representation[C]//IEEE Conference on Computer Vision and Pattern Recognition. San Francisco: IEEE, 2010: 3304-3311.

[13] Bishop C M. Pattern Recognition and Machine Learning[M]. Berlin: Springer, 2006.

[14] Zhou X, Yu K, Zhang T, et al. Image classification using super-vector coding of local image descriptors[C]//European Conference on Computer Vision. Berlin: Springer, 2010: 141-154.

[15] Hsiao J K, Kang L W, Chang C L, et al. Learning-based leaf image recognition frameworks[M]//Studies in Computational Intelligence. Volume 591. Heidelberg: Springer, 2015: 77-91.

[16] Ma Y D, Dai R L, Li L, et al. Image segmentation of embryonic plant cell using pulse-coupled neural networks[J]. Chinese Science Bulletin, 2002, 47(2): 169-173.

[17] Li X J, Ma Y D, Wang Z B, et al. Geometry-invariant texture retrieval using a dual-output pulse-coupled neural network[J]. Neural Computation, 2012, 24(1): 194-216.

[18] Wang Z B, Sun X G, Ma Y D, et al. Plant recognition based on intersecting cortical model[C]//International Joint Conference on Neural Networks. Beijing: IEEE, 2014: 975-980.

[19] Zhan K, Zhang H J, Ma Y D. New spiking cortical model for invariant texture retrieval and image processing[J]. IEEE Transactions on Neural Networks, 2009, 20(12): 1980-1986.

[20] Ekblad U, Kinser J M, Atmer J, et al. The intersecting cortical model in image processing[J]. Nuclear Instruments and Methods in Physics Research Section A: Accelerators, Spectrometers, Detectors and Associated Equipment, 2004, 525(1-2): 392-396.

[21] Chang C C, Lin C J. LIBSVM: a library for support vector machines[J]. ACM Transactions on Intelligent Systems and Technology, 2011, 2(3): 27.

[22] Wu S G, Bao F S, Xu E Y, et al. A leaf recognition algorithm for plant classification using probabilistic neural network[C]//2007 IEEE International Symposium on Signal Processing and Information Technology. Giza: IEEE, 2008: 11-16.

[23] Kadir A, Nugroho L E, Susanto A, et al. Experiments of Zernike moments for leaf identification[J]. Journal of Theoretical and Applied Information Technology, 2012, 41(1): 82-93.

[24] Novotný P, Suk T. Leaf recognition of woody species in Central Europe[J]. Biosystems Engineering, 2013, 115(4): 444-452.

[25] Hsiao J K, Kang L W, Chang C L, et al. Comparative study of leaf image recognition with a novel learning-based approach[C]//2014 Science and Information Conference. London: IEEE, 2014: 389-393.

[26] Satti V, Satya A, Sharma S. An automatic leaf recognition system for plant identification using machine vision technology[J]. International Journal of Engineering Science & Technology, 2013, 5(4): 874-879.

[27] Uluturk C, Ugur A. Recognition of leaves based on morphological features derived from two half-regions[C]//International Symposium on Innovations in Intelligent Systems and Applications. Trabzon: IEEE, 2012: 1-4.

[28] Hall D, McCool C, Dayoub F, et al. Evaluation of features for leaf classification in challenging conditions[C]//2015 IEEE Winter Conference on Applications of Computer Vision. Waikoloa: IEEE, 2015: 797-804.

[29] Ling H B, Jacobs D W. Shape classification using the inner-distance[J]. IEEE Transactions on Pattern Analysis and Machine Intelligence, 2007, 29(2): 286-299.

[30] Hu R X, Jia W, Ling H B, et al. Multiscale distance matrix for fast plant leaf recognition[J]. IEEE Transactions on Image Processing, 2012, 21(11): 4667-4672.

[31] Wang X G, Feng B, Bai X, et al. Bag of contour fragments for robust shape classification[J]. Pattern Recognition, 2014, 47(6): 2116-2125.

[32] Lei Y K, Zou J W, Dong T B, et al. Orthogonal locally discriminant spline embedding for plant leaf recognition[J]. Computer Vision and Image Understanding, 2014, 119: 116-126.

[33] Felzenszwalb P F, Schwartz J D. Hierarchical matching of deformable shapes[C]//2007 IEEE Conference on Computer Vision and Pattern Recognition. Minneapolis: IEEE, 2007: 1-8.

[34] Daliri M R, Torre V. Robust symbolic representation for shape recognition and retrieval[J]. Pattern Recognition, 2008, 41(5): 1782-1798.

[35] Kumar N, Belhumeur P N, Biswas A, et al. Leafsnap: A computer vision system for automatic plant species identification[M]//European Conference on Computer Vision. Berlin: Springer, 2012: 502-516.

[36] Yu H, Yang J. A direct LDA algorithm for high-dimensional data — with application to face recognition[J]. Pattern Recognition, 2001, 34(10): 2067-2070.

[37] Fan R E, Chang K W, Hsieh C J, et al. LIBLINEAR: A library for large linear classification[J]. Journal of Machine Learning Research, 2008, 9: 1871-1874.

[38] Pearline A, Kumar S, Harini S. A study on plant recognition using conventional image processing and deep learning approaches[J]. Journal of Intelligent & Fuzzy Systems, 2019, 36: 1-8.

[39] Kolivand H, Bong M F, Rahim M, et al. An expert botanical feature extraction technique based on phenetic features for identifying plant species[J]. PLoS One, 2018, 13(2): e0191447.

[40] Tsolakidis D G, Kosmopoulos D I, Papadourakis G. Plant leaf recognition using Zernike moments and histogram of oriented gradients[C]//Artificial Intelligence: Methods and Applications. Heraklion: Springer, 2014: 406-417.

[41] Demisse G G, Aouada D, Ottersten B. Deformation based curved shape representation[J]. IEEE Transactions on Pattern Analysis and Machine Intelligence, 2018, 40(6): 1338-1351.

[42] Tharwat A, Gaber T, Hassanien A E. One-dimensional vs. two-dimensional based features: plant identification approach[J]. Journal of Applied Logic, 2017, 24: 15-31.

[43] Naresh Y G, Nagendraswamy H S. Classification of medicinal plants: an approach using modified LBP with symbolic representation[J]. Neurocomputing, 2016, 173: 1789-1797.

[44] He K M, Zhang X Y, Ren S Q, et al. Spatial pyramid pooling in deep convolutional networks for visual recognition[M]//European Conference on Computer Vision. Berlin: Springer, 2014: 346-361.

[45] Dalal N, Triggs B. Histograms of oriented gradients for human detection[C]//IEEE Computer Society Conference on Computer Vision and Pattern Recognition. San Diego: IEEE, 2005: 886-893.

[46] Nguyen Q K, Le T L, Pham N H. Leaf based plant identification system for Android using SURF features in combination with Bag of Words model and supervised learning[C]//International Conference on Advanced Technologies for Communications. Ho Chi Minh City: IEEE, 2014: 404-407.

[47] Chen Q, Abedini M, Garnavi R, et al. IBM research Australia at LifeCLEF2014: Plant identification task[C]//CLEF (Working Notes). Sheffield, 2014: 693-704.

[48] Kulkarni A H, Rai H M, Jahagirdar K A, et al. A leaf recognition technique for plant classification using RBPNN and Zernike moments[J]. International Journal of Advanced Research in Computer and Communication Engineering, 2013, 2(1): 984-988.

[49] Singh K, Gupta I, Gupta S. SVM-BDT PNN and Fourier moment technique for classification of leaf shape[J]. International Journal of Signal Processing, Image Processing and Pattern Recognition, 2010, 3(4): 67-78.

[50] Kadir A, Nugroho L E, Susanto A, et al. Leaf classification using shape, color, and texture features[J]. International Journal of Computer Trends and Technology, 2013, 1(3): 225-230.

[51] Zhang S W, Lei Y K, Dong T B, et al. Label propagation based supervised locality projection analysis for plant leaf classification[J]. Pattern Recognition, 2013, 46(7): 1891-1897.

[52] Yang L W, Wang X F. Leaf image recognition using Fourier transform based on ordered sequence[C]//Lecture Notes in Computer Science. Volume 7389. Berlin: Springer, 2012: 393-400.

[53] Xiao X Y, Hu R X, Zhang S W, et al. HOG-based approach for leaf classification[M]//Advanced Intelligent Computing Theories and Applications With Aspects of Artificial Intelligence. Berlin: Springer, 2010: 149-155.

[54] Zhang S W, Wu X W, You Z H. Jaccard distance based weighted sparse representation for coarse-to-fine plant species recognition[J]. PLoS One, 2017, 12(6): e0178317.

[55] Salleh S S, Aziz N A A, Mohamad D, et al. Combining mahalanobis and Jaccard to improve shape similarity measurement in sketch recognition[C]//International Conference on Computer Modelling and Simulation, UKSIM. Cambridge: IEEE, 2011: 319-324.

[56] Laws K I. Textured Image Segmentation[J]. Technical Report USCCIP-940, 1980.

[57] Zhang S W, Wang H, Huang W Z. Two-stage plant species recognition by local mean clustering and weighted sparse representation classification[J]. Cluster Computing, 2017, 20(2): 1517-1525.

[58] Pires R D L, Gonçalves D N, Oruê J P M, et al. Local descriptors for soybean disease recognition[J]. Computers and Electronics in Agriculture, 2016, 125: 48-55.

[59] Turkoglu M, Hanbay D. Recognition of plant leaves: an approach with hybrid features produced by dividing leaf images into two and four parts[J]. Applied Mathematics and Computation, 2019, 352: 1-14.

[60] Kumar P S V V S R, Rao K N V, Raju A S N, et al. Leaf classification based on shape and edge feature with k-NN classifier[C]//International Conference on Contemporary Computing and Informatics. Greater Noida: IEEE, 2017.

[61] Wang Z B, Sun X G, Yang Z K, et al. Leaf recognition based on DPCNN and BOW[J]. Neural Processing Letters, 2017, 47(1): 99-115.

[62] Yousefi E, Baleghi Y, Sakhaei S M. Rotation invariant wavelet descriptors, a new set of features to enhance plant leaves classification[J]. Computers & Electronics in Agriculture, 2017, 140: 70-76.

[63] Naresh Y G, Nagendraswamy H S. Classification of medicinal plants: an approach using modified LBP with symbolic representation[J]. Neurocomputing, 2016, 173: 1789-1797.

[64] Kolivand H, Fern B M, Saba T, et al. A new leaf venation detection technique for plant species classification[J]. Arabian Journal for Science & Engineering, 2019, 44(4): 3315-3327.

[65] Saleem G, Akhtar M, Ahmed N, et al. Automated analysis of visual leaf shape features for plant classification[J]. Computers and Electronics in Agriculture, 2019, 157: 270-280.

[66] Zhang S W, Zhang C L, Wang Z, et al. Combining sparse representation and singular value decomposition for plant recognition[J]. Applied Soft Computing, 2018, 67: 164-171.

[67] Sun G D, Zhang Y, Ping L I, et al. Feature description of exact height function used in fast shape retrieval[J]. Optics and Precision Engineering, 2017, 25(1): 224-235.

[68] Yu X H, Xiong S W, Gao Y S, et al. Multiscale crossing representation using combined feature of contour and venation for leaf image identification[C]//International Conference on Digital Image Computing: Techniques and Applications. Gold Coast: IEEE, 2016: 1-6.

[69] Zeng J X, Liu M, Fu X, et al. Curvature bag of words model for shape recognition[J]. IEEE Access, 2019, 7: 57163-57171.

[70] Wang B, Brown D, Gao Y S, et al. MARCH: multiscale-arch-height description for mobile retrieval of leaf images[J]. Information Sciences, 2015, 302: 132-148.

[71] Zhao C, Chan S S F, Cham W K, et al. Plant identification using leaf shapes—a pattern counting approach[J]. Pattern Recognition, 2015, 48(10): 3203-3215.

第 6 章　基于两级分类的植物叶片识别方法

由于植物数量庞大，不同种类间的植物叶片也会存在相似性，当差异性与相似性并存的情况下，仅采用某一特征对植物进行分类识别往往不能达到很好的效果，所以通常采用多种特征互相组合的形式对植物叶片进行分类。即便如此，类间差异性和相似性并存的情况仍然会使分类器在对叶片进行分类时陷入两难。例如，当两种植物叶片在形状上差别较大，而纹理颜色等高度相似时，就很容易会出现错将形状差别大的两类植物叶片分到同一类中的情况。除此之外，由于植物数量大，种类多，在面对如此庞大的植物类别数时，分类器的训练以及预测工作将需要大量的时间开销和高昂的计算成本，而且准确率也会大大降低。尽管植物种类繁多，但常见的植物叶片形状有限，如针形、椭圆形、条形、剑形和扇形等。基于此，为解决上述分类难题，首先介绍我们提出的形状描述特征，接着讲述一种基于植物叶片形状的两级分类识别方法。

6.1　基于区域面积占比的形状特征

形状特征是描述图像的一种常用方式，通常可以分为两大类：基于区域的形状特征和基于轮廓的形状特征。基于轮廓的形状特征往往更注重细节信息的捕捉，而基于区域的形状特征则更注重从整体去描述形状。为快速有效地对一个形状进行描述，我们提出了一种基于区域的形状特征提取算法，该算法应用区域面积占比来对形状进行描述，故命名为基于面积占比的形状描述子 (ARSD)。

6.1.1　特征描述

为了便于描述特征，需要将图像位置摆正，这里采用对称轴的方法，相关方法已在第 1 章预处理部分做过介绍，这里不再赘述。

基于区域的形状特征将整个形状区域内的所有像素看作一个整体，整合了所有像素用于形状的提取，因而可以很好地表述一个形状的特征。ARSD 特征提取示意图如图 6-1 所示，其实现步骤如下。

1) 图像位置归一化：将图像旋转，使叶片旋转至水平方向。

2) 感兴趣区域的选择：在叶片形状区域外选择一个固定大小的矩形区域作为特征提取的目标区域。

3) 区域划分：将目标区域划分成 $n \times k$ 个等大的矩形区域。

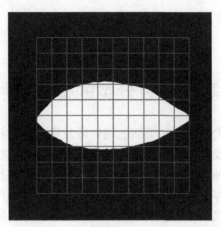

图 6-1　形状特征提取示意图

4) 面积占比计算：计算每个矩形区域内植物叶片所占区域的面积与矩形区域面积的比值。

5) 特征描述子生成：将每一列矩形区域内的面积占比串接起来，生成最终的形状描述符。

基于区域面积比的形状特征的数学描述如下

$$\text{ARSD} = \left(\frac{S_{11}}{\text{Area}}, \frac{S_{12}}{\text{Area}}, \cdots, \frac{S_{ij}}{\text{Area}}, \cdots, \frac{S_{nk}}{\text{Area}} \right) \tag{6.1}$$

式中，ARSD 表示提取的形状特征描述子；S_{ij} 表示第 i 列第 j 行的矩形区域内的植物叶片形状区域的面积；Area 表示每个矩形区域的面积，这里的面积都是指区域内的总像素数。由上式可知，ARSD 是一个 $n \times k$ 维，取值为 0 到 1 的特征描述子。

在 ARSD 的提取过程中，目标区域的选择尤为关键，选择不同的目标区域将会在很大程度上影响所提取形状特征的描述能力。下面将通过一组实验来观察不同目标区域的选取对结果的影响。首先，选择植物叶片形状区域的最小外接矩形作为目标区域，并将目标区域划分为 10×10 等份，分别对不属于同一类别的植物叶片一和植物叶片二提取 ARSD，其目标区域的选择与划分情况及提取结果如图 6-2 所示。为方便观察，将所提取到的 ARSD 以柱状图的形式展现。

由图 6-2 可知，植物叶片一和植物叶片二的形状存在一定的差异，其中，植物叶片一属于较为细长的剑形，而植物叶片二属于较为饱满的椭圆形，在分类过程中应当将植物叶片一和植物叶片二划分为不同的种类。但当选择以植物叶片的最小外接矩形作为目标区域对叶片提取 ARSD 时，两个不同种类的叶片所得到的结果却表现出高度的相似，这在分类过程中是不希望出现的。

接下来选择以植物叶片的几何中心作为中心，并以边长为其长轴长度的正方形作为提取 ARSD 的目标区域，对上述两个植物叶片提取 ARSD。在提取过程中

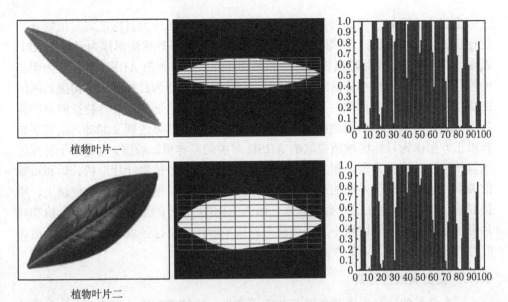

图 6-2 最小外接矩形的提取结果

横坐标对应 ARSD 的维度；纵坐标为相应维度的取值大小

同样将目标区域划分成 10×10 等份，其目标区域的选择与划分情况及提取结果如图 6-3 所示。

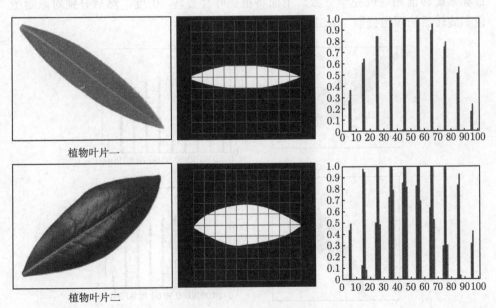

图 6-3 正方形的提取结果

横坐标对应 ARSD 的维度；纵坐标为相应维度的取值大小

由图 6-3 可知，当选择以边长为长轴长度的正方形作为目标区域对植物叶片进行 ARSD 的提取时，所得到的 ARSD 相较于以最小外接矩形作为目标区域时，表现得更加稀疏，而此时植物叶片一和植物叶片二所得到的 ARSD 存在较为明显的差异。分别对以最小外接矩形为目标区域和以正方形为目标区域所得到的两组 ARSD 求其欧几里得距离，当以最小外接矩形为目标区域时两叶片特征向量的欧几里得距离为 0.8044，而当以正方形作为目标区域时则可达到 2.3959，这表明选择以正方形作为目标区域所提取的 ARSD 对类间差异更加敏感。这是由于目标区域以长轴的长度作为宽，相当于在前者的基础上引入了植物叶片形状长轴和短轴的关系。从形状特征提取的过程分析可知，植物叶片长轴与短轴的比值越大，所提取的 ARSD 中为 0 的个数就越多；而当 ARSD 中 1 的个数越多则表示植物叶片形状越饱满，长宽比越小。当以最小外接矩形作为目标区域时，则丢失了植物叶片的长轴与短轴之间的关系。

6.1.2　特征有效性分析

一个良好的特征应该具备以下 3 个不变性：旋转不变性、尺度不变性和平移不变性。下面将分别从这 3 个方面对 ARSD 进行检验。

1. 旋转不变性

特征的旋转不变性是指当图像中的目标发生旋转后，对目标所提取的特征与目标未旋转前相近或完全一致。下面将植物叶片旋转 90 度，然后分别对原始图像和旋转后的图像提取 ARSD，其结果如图 6-4 所示。

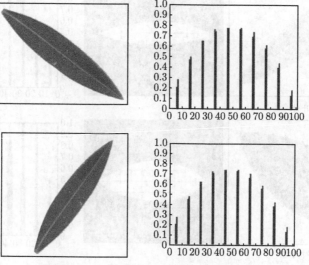

图 6-4　ARSD 旋转不变性实验结果

横坐标对应 ARSD 的维度；纵坐标为相应维度的取值大小

由图 6-4 可知，植物叶片旋转前后所提取的 ARSD 完全相同，因此，ARSD 具有旋转不变性。ARSD 的特征计算本身不具备旋转不变性，而且对旋转极为敏感，但由于在提取 ARSD 前都会对植物叶片图像进行旋转处理，统一将植物叶片的对称轴旋转至水平方向，这是 ARSD 提取过程的一部分，因而可以认为 ARSD 具有旋转不变性。

2. 尺度不变性

特征的尺度不变性是指当图像中的目标经过放大或缩小时，对目标所提取的特征与未缩放之前相近或完全一致。下面将植物叶片缩小为原来的一半，然后分别对原始图像和缩放后的图像提取 ARSD，其结果如图 6-5 所示。

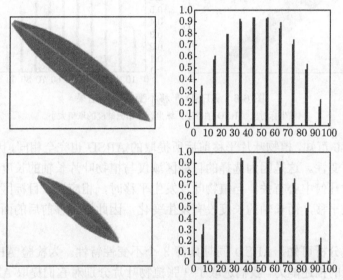

图 6-5　ARSD 尺度不变性实验结果
横坐标对应 ARSD 的维度；纵坐标为相应维度的取值大小

由图 6-5 可知，植物叶片缩放前后所提取的 ARSD 也是完全相同的，因此，ARSD 具有尺度不变性。这是由于当植物叶片经过缩放后，虽然植物叶片形状区域的面积发生缩小，但其长轴的长度也必定会按照相同的比例缩短，因此选择的目标区域的面积也会发生等比的缩小，使得缩放前后的比值一致。

3. 平移不变性

特征的平移不变性是指当图像中的目标发生位置的平移时，对目标所提取的特征与目标未发生平移前相近或一致。下面将叶片向左下平移若干单位，然后分别对原始图像和平移后的图像提取 ARSD，其结果如图 6-6 所示。

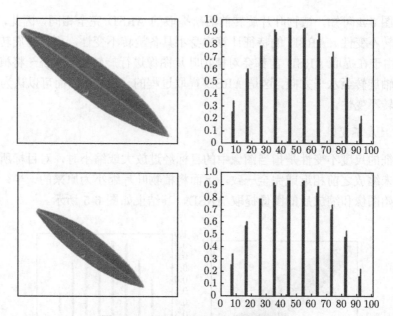

图 6-6　ARSD 平移不变性实验结果
横坐标对应 ARSD 的维度；纵坐标为相应维度的取值大小

　　由图 6-6 可知，植物叶片平移前后所提取的 ARSD 也完全相同，因此，ARSD 具有平移不变性。这是因为选择的目标区域仅与植物叶片长轴的长度及植物叶片形状区域的几何中心有关，当植物叶片发生平移时，相应地，目标区域的中心也会随之发生平移，而长轴的长度没有发生变化，因此，平移前后的面积比值依然保持一致。

　　由上述分析可知，ARSD 同时具备 3 个不变性特性。为检验 ARSD 对于植物叶片形状的描述能力，我们选取了 3 张植物叶片分别对它们提取 ARSD。其中，前两张植物叶片属于同一类别，第三张为不同类别。ARSD 的提取结果如图 6-7 所示。由图 6-7 可观察到，对于同一类别的叶片，ARSD 表现出较高的相似性，而对于不同类别的叶片，ARSD 也能表现出较大的差异性，证明 ARSD 可以有效描述植物叶片的形状特征。

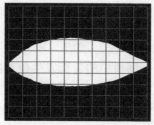
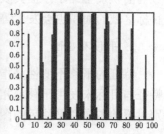

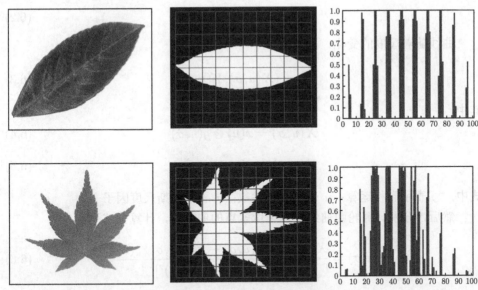

图 6-7　不同叶片的 ARSD 提取结果

横坐标对应 ARSD 的维度；纵坐标为相应维度的取值大小

　　分析可知，ARSD 更偏向于从整体上对形状进行描述。对于同一个划分得到的小矩形区域内，具有相同面积的形状区域所包含的像素点的分布是可以多样的，ARSD 不能很好地捕获该区域内形状的具体变化情况，因而会丢失部分形状轮廓的细节信息。下面将对该特征描述进行改进。

6.2　基于轮廓角点的形状特征

　　ARSD 是从整体上来对形状进行描述的，缺乏对形状细节的刻画，如叶片是否具有锯齿等。为加强对形状的细节描述，我们提出了一种基于轮廓的形状特征提取算法。轮廓中通常包含着大量的形状细节，但在上文提到的基于轮廓的形状特征中，都是通过对轮廓进行均匀采样的方法来获取轮廓点，这往往会丢失轮廓中的一些关键点 (如角点等)，而这些关键点往往包含大量的形状细节信息。因此，提取其中更具代表性的角点来对形状进行描述，并将其命名为基于角点的形状描述子 (CSD)。

6.2.1　角点检测

　　采用由 Mokhtarian[1] 于 1998 年提出的基于曲率尺度空间 (CSS) 的角点检测算法对植物叶片轮廓的角点进行检测。该算法能准确定位角点的位置，计算量小，在匹配速度和精度等方面都具有较好的表现。首先，通过弧长参数 u 对所提取到的轮廓曲线 Γ 进行参数化：

$$\Gamma(u) = (x(u), y(u)) \tag{6.2}$$

曲线随着尺度的变化，改写为

$$\Gamma_\sigma = (X(u,\sigma), Y(u,\sigma)) \tag{6.3}$$

其中，

$$X(u,\sigma) = x(u) \otimes g(u,\sigma) \tag{6.4}$$

$$Y(u,\sigma) = y(u) \otimes g(u,\sigma) \tag{6.5}$$

式中，$\otimes$ 表示卷积运算；u 表示弧长参数；σ 表示高斯尺度因子。

然后，分别计算轮廓曲线上每个像素点的曲率值，计算公式为

$$\kappa(u,\sigma) = \frac{X_u(u,\sigma)Y_{uu}(u,\sigma) - X_{uu}(u,\sigma)Y_u(u,\sigma)}{\left[X_u(u,\sigma)^2 + Y_u(u,\sigma)^2\right]^{1.5}} \tag{6.6}$$

其中，

$$X_u(u,\sigma) = x(u) \otimes g_u(u,\sigma) \tag{6.7}$$

$$X_{uu}(u,\sigma) = x(u) \otimes g_{uu}(u,\sigma) \tag{6.8}$$

$$Y_u(u,\sigma) = y(u) \otimes g_u(u,\sigma) \tag{6.9}$$

$$Y_{uu}(u,\sigma) = y(u) \otimes g_{uu}(u,\sigma) \tag{6.10}$$

式中，$g_u(u,\sigma)$ 和 $g_{uu}(u,\sigma)$ 分别表示高斯函数 $g(u,\sigma)$ 的一阶、二阶导数。

基于曲率尺度空间角点检测的主要过程如下。

1) 边缘检测：对图像进行边缘检测。

2) 轮廓提取：从边缘图像中提取形状区域的轮廓曲线，当所提取的轮廓曲线不连续时，需要填充曲线不连续处的间隙，寻找轮廓曲线中存在的 "T" 形接口，将其标记为 "T" 形角点。

3) 曲率计算：为降低噪声对角点检测的影响，在大尺度 σ 下分别计算每个轮廓点对应的曲率值。

4) 角点检测：寻找曲率绝对值大于所设阈值并为邻近轮廓点中最小曲率值的两倍以上的轮廓点，将其标记为角点。

5) 角点定位：为了能更精确地定位检测到的角点，角点的跟踪在较小的尺度 σ 下进行，并更新角点的位置。

6) 角点筛选：比较检测到的角点与 "T" 形角点间的位置关系，删除位置非常靠近的 "T" 形角点，剩下的角点即为检测的结果。

　　上述算法存在阈值难以选择的缺点，因此在 2004 年，He 和 Yung[2] 提出了具有自适应阈值和动态支撑区域的曲率尺度空间角点检测算法，该算法能自适应地获取阈值，在角点检测上可取得更好的效果。将此算法运用到植物叶片的轮廓角点的检测上，其实验结果如图 6-8 所示，左图为叶片角点检测的整体结果，右图为左图中圆形区域内的细节展示，图中绿色的标记点为检测到的角点。由图 6-8可以看出，角点大多出现在植物叶片中的尖端和锯齿的位置，相较于均匀采样得到的轮廓点更具有代表性，因而能更好地表征植物叶片形状的细节信息。

图 6-8　角点检测结果 (彩图请扫封底二维码)

6.2.2　特征描述

　　基于轮廓角点的形状特征的提取采用统计学方法，统计叶片轮廓中的角点在各个位置区域内出现的频率作为形状的描述。该形状特征的提取示意图如图 6-9所示，其实现步骤如下。

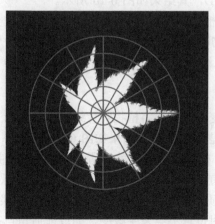

图 6-9　形状特征提取示意图 (彩图请扫封底二维码)

1) 图像位置归一化：由于该特征同样对旋转敏感，在特征提取前需要使用第 1 章第 3 节中的方法将叶片旋转至水平方向。

2) 感兴趣区域的选择：分别计算轮廓点与叶片形状区域质心间的距离，然后选择叶片质心作为圆心，以轮廓点与质心的最大距离为半径的圆形区域作为特征提取的目标区域。

3) 区域划分：在半径方向上将目标区域划分为 n 等份，同时在角度方向上将目标区域划分成 k 等份，即将目标区域划分成如图 6-9 中所示的靶状。

4) 角点统计：分别计算在划分好的各个小区域内角点出现的频率。

5) 特征描述子的生成：将每一个小区域内角点出现的频率数串接起来生成最终的形状描述符。

基于轮廓角点的形状特征的数学描述如下

$$\text{CSD} = \left(\frac{C_{11}}{C}, \frac{C_{12}}{C}, \cdots, \frac{C_{ij}}{C}, \cdots, \frac{C_{nk}}{C} \right) \tag{6.11}$$

式中，CSD 表示提取的基于轮廓角点的形状特征描述子；C_{ij} 表示在半径方向上第 i 个区域和角度方向上第 j 个区域内轮廓角点的个数；C 表示轮廓中角点的总数。由式 (6.11) 可知，CSD 是一个 $n \times k$ 维，取值为 0 到 1 的特征描述子。

6.2.3 特征有效性分析

1. 旋转不变性

为检验其旋转不变性，下面将植物叶片旋转 90 度，然后分别对原始图像和旋转后的图像提取 CSD，其结果如图 6-10 所示。

由图 6-10 可知，植物叶片旋转前后所提取的 CSD 完全相同，这是由于在提取 CSD 前都会对植物叶片进行旋转处理，统一将植物叶片的对称轴旋转至水平方向，这是 CSD 提取过程的一部分，因而可以认为 CSD 具有旋转不变性。

2. 尺度不变性

为检验其尺度不变性，下面将植物叶片缩小为原来的一半，然后分别对原始图像和缩放后的图像提取 CSD，其结果如图 6-11 所示。

由图 6-11 可知，植物叶片缩放前后所提取的 CSD 完全相同，因此，CSD 具有尺度不变性。这是由于当植物叶片经过缩放后，虽然植物叶片形状区域的面积发生缩小，但其质心与轮廓点间的距离也必定会按照相同的比例缩短，因此，质心与角点的相对位置不会发生改变，缩放前后角点在各个位置出现的频率一致。

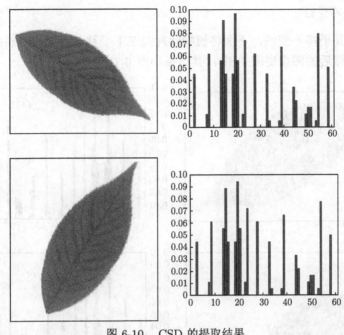

图 6-10　CSD 的提取结果

横轴为区域编号，纵轴为角点比值，图 6-11～图 6-14 同

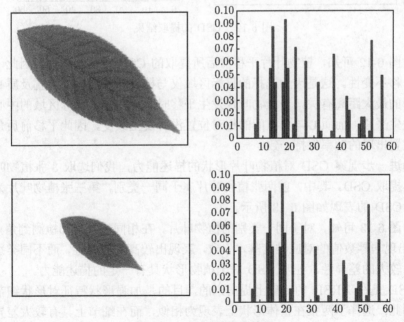

图 6-11　CSD 的提取结果

3. 平移不变性

为检验其平移不变性，下面将植物叶片向左下平移若干单位，然后分别对原始图像和平移后的图像提取 CSD，其结果如图 6-12 所示。

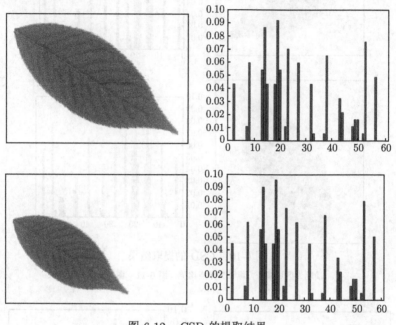

图 6-12　CSD 的提取结果

由图 6-12 可知，植物叶片平移前后所提取的 CSD 也完全相同，因此，CSD具有平移不变性。这是因为选择的目标区域仅与植物叶片质心的位置及质心与轮廓点间的最大距离有关，当植物叶片发生平移时，相应地，目标区域的中心也会随之发生平移，而质心与角点间的相对位置没有发生改变，因此平移前后角点在各个位置出现的频率保持一致。

为进一步观察 CSD 对植物叶片形状的描述能力，我们选取 3 张植物叶片分别对其提取 CSD。其中，前两张植物叶片属于同一类别，第三张植物叶片为不同类别。CSD 的表现如图 6-13 所示。

由图 6-13 可知，对于同一类别的植物叶片，在相同位置处都检测到角点，即CSD 出现非零数值的对应维度基本一致，表现出较高的相似性，而不同类别间则表现出较大的差异性，证明 CSD 对于植物形状具有一定的描述能力。

CSD 是在 ARSD 的基础上提出来的，目的是加强形状特征对形状细节的描述，因此，选择了两张在整体形状上表现为相似，而在细节上具有较大差异的植物叶片，分别对它们提取 ARSD 和 CSD，其对比结果如图 6-14 所示。

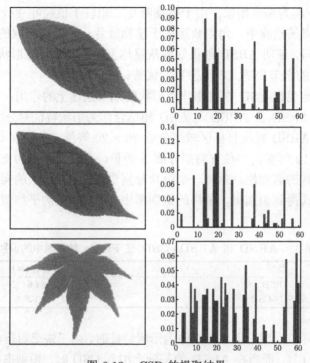

图 6-13　CSD 的提取结果

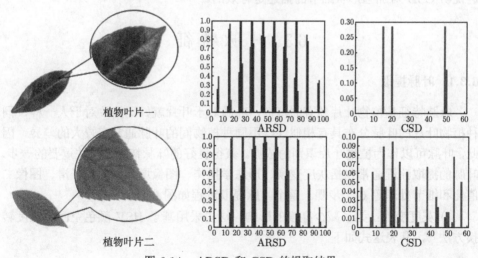

图 6-14　ARSD 和 CSD 的提取结果

由图 6-14 可知，两植物叶片的形状在整体上都表现为椭圆形，而在细节方面，植物叶片一的轮廓比较光滑无锯齿，而植物叶片二则存在锯齿。通过对比发现，虽然两植物叶片在细节上存在较大差异，但整体上都表现为椭圆形，因此提取的 ARSD 表现为高度相似；由于植物叶片二相较于植物叶片一在轮廓上存在锯齿状，在角点的检测中，角点数远多于植物叶片一，因而提取的 CSD 与植物叶片一明显不同。证明 ARSD 能很好地从整体上对植物叶片的形状进行描述，而 CSD 则在形状的细节描述上表现得更为优秀。

为更直观地观察 CSD 在植物叶片形状的细节描述上的作用，分别在 Flavia 数据集上提取 ARSD 及 ARSD 与 CSD 相结合作为形状特征对分类器进行训练。其中，在提取 ARSD 时将目标区域划分成 20 × 20 等份，在提取 CSD 时，将角度方向划分成 12 等份，半径方向划分成 5 等份，分类器选择为支持向量机。为了保证实验数据的客观性，对每一个组合分别进行随机 10 次的实验，采用五折交叉验证的形式得到识别率，最终的识别率由 10 次实验的平均值表示。实验结果见表 6-1。

表 6-1   ARSD 和 ARSD+CSD 在 Flavia 数据集中的识别率

特征	识别率 (%)
ARSD	84.6
ARSD+CSD	90.2

由表 6-1 可知，当仅用 ARSD 作为形状特征时，由于缺乏对形状细节的描述，识别率只有 84.6%，而当在 ARSD 的基础上加入 CSD 时，识别率提高到 90.2%，这说明 CSD 对加强形状细节的描述是有效的。

6.3 叶 脉 特 征

6.3.1 叶脉提取

叶脉特征是植物叶片独有的特征，叶脉对于叶片就好比指纹对于人一样，同种植物叶片的叶脉分布具有相似性，不同种植物间的叶脉通常有较大的差异，因此，叶脉可以作为植物叶片识别的依据。获得良好的叶脉特征是至关重要的一步。叶脉的提取流程通常包括灰度变换、形态学操作、图像增强、图像平滑、图像二值化和细节处理等 6 个步骤。整个叶脉提取过程如图 6-15 所示。

1) 灰度变换：为了减少亮度的影响，这里采用基于 HSV 颜色空间的灰度转换方法[3]，其表达式如下

$$\text{Gray} = \frac{1}{2}\left[\frac{(H+90)\%360}{360} + 1 - V\right] \tag{6.12}$$

式中，H 和 V 分别表示 HSV 颜色空间中的像素颜色的色调和值 (强度) 分量；% 为求余运算符。灰度转换结果如图 6-15B 所示。

2) 形态学操作：在灰度图像中叶脉及其背景的灰度差异是局部的，并且在整个叶脉和整个背景中存在灰色重叠。数学形态学处理的目的是消除灰色重叠，使叶脉及其背景的局部差异得到很好的保留甚至增强，在图像处理中发挥重要作用。为进一步提取叶脉，对上述获得的灰度图像进行顶帽操作，所得到的图像如图 6-15C 所示。顶帽操作用于从灰度图像中提取较小较亮的区域和叶脉细节，并获得这些区域与其背景之间的灰度差异。在顶帽操作中选择半径为 5 的圆形结构元素。

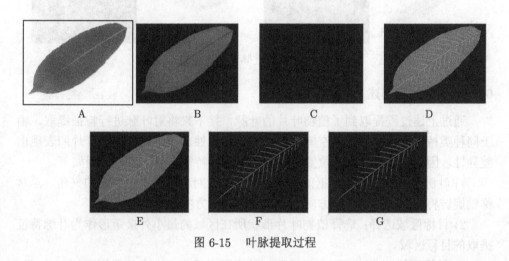

图 6-15　叶脉提取过程

3) 图像增强：数学形态操作后可以发现，叶脉及其背景都太暗而且对比度较低，因此需要对植物叶片所在区域进行直方图均衡，增强叶脉及其背景的对比度，所得结果如图 6-15D 所示。

4) 图像平滑：为使提取到的叶脉尽可能少地包含叶脉附近一些细小的高亮的区域，需要对上述获得的图像进行均值滤波来削弱周围的边缘和细节，所得到的结果如图 6-15E 所示。

5) 图像二值化：采用 OSTU 法对平滑后的图像进行分割，将叶脉与其背景分离开来，得到包含植物叶片叶脉的二值图像，如图 6-15F 所示。

6) 细节处理：分割后的图像中除植物叶脉外，四周存在的一些离散的点或细小的区域也被分割出来，为了去除这些非叶脉区域，可通过面积对目标进行筛选，只保留二值图像中所有面积大于某一阈值的四连通区域，在本算法中阈值选择 200。最终提取到的叶脉如图 6-15G 所示。

为进一步验证该叶脉提取方法的有效性，我们分别对多张叶片图像进行叶脉提取，叶脉提取的结果如图 6-16 所示。由图 6-16 可知，该方法在不同类别的植物叶片中皆有较好的表现。

图 6-16　叶脉提取结果

6.3.2　叶脉特征描述

通过上述过程提取到了植物叶片的叶脉，接下来将对叶脉进行特征提取。由于同种类植物叶片的叶脉在空间分布上具有相似性，在不同种类的叶片间表现出差异性，因此，基于叶脉的位置分布对叶脉进行特征提取，提取过程如下。

1) 叶脉位置归一化：根据前文中求得的叶片对称轴与水平方向的夹角，沿对称轴旋转将叶脉旋转至水平方向，使叶脉朝同一方向分布。

2) 目标区域选择：选择植物叶片形状所在区域的最小外接矩形作为叶脉特征提取的目标区域。

3) 目标区域划分：分别在目标区域的水平和垂直方向上将目标区域划分成 n 和 k 等份。

4) 叶脉分布统计：分别在水平方向和垂直方向上对叶脉在各个区间范围内的分布进行直方图统计，即对组成叶脉的像素点的垂直坐标值和水平坐标值进行直方图统计。

5) 特征归一化处理：由于每张叶片中组成叶脉的像素点不相等，为提高统计价值，需要将其进行归一化处理，将落在各个区间的叶脉像素数除以总的叶脉像素数。最终得到一个 $n+k$ 维，取值为 0 到 1 的叶脉特征。

为检验我们所提出的叶脉特征的有效性，选择 3 个植物叶片进行叶脉特征提取并进行比较。提取时将 n 和 k 都设为 10，提取结果如图 6-17 所示。

由图 6-17 可知，前两个叶片属于同一类别的叶片，其叶脉的分布具有很高的相似性，因此提取得到的叶脉特征非常相近。而第三个叶片属于不同类别的植物叶片，相较于前两个叶片，虽然在整体形状上都表现为椭圆形，但其叶脉的分布却表现出很大的差异性，因此提取到的叶脉特征与前两个叶片相差较大。这证明，我们提出的叶脉特征提取方法适用于形状相近的不同类别的植物叶片间的分类，且能表现出良好的效果。

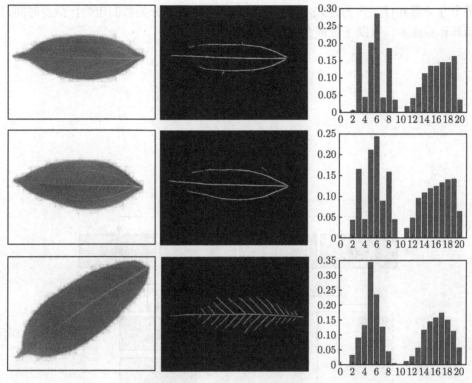

图 6-17　叶脉特征提取结果

横轴为特征维度；纵轴为归一化特征值

6.4　基于形状的两级分类算法

6.4.1　两级分类策略

基于形状的两级分类思想如下：在第一级分类中，仅考虑植物叶片的形状，将植物叶片粗略地划分为叶形相似的若干大类，在此阶段，要求对植物叶片的分类尽可能准确。最好实现准确无误。接下来在第二级分类中，综合植物叶片的形状、纹理和颜色等特征，分别对每个形状大类的叶片进行训练分类，最终实现植物的精确分类。基于这个思路，我们设计了基于形状的两级分类叶片识别系统的流程图，如图 6-18 所示。

在整个系统中，第一级分类相当于对植物叶片进行预分类，把庞大的数据集划分为若干较小的数据集，起到化繁为简的作用，同时避免了上述所提到的由于植物叶片间相似性与差异性并存所造成的错误分类。即便不同类别的植物叶片在形状上存在相似性，但在下一级基于更多特征组合的精确分类中，若存在差异性则可以直接判为不同类别。在第二级分类中，将传统的一个分类器工作转换成由多个分类器并行工作的方式，在一定程度上可以缓解分类器的压力，减少时间开销和计算成本，有助于提高分类的准确率。

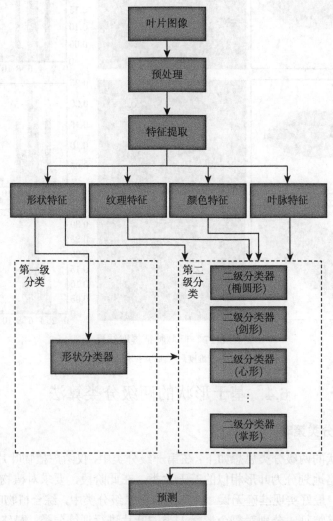

图 6-18　基于形状的两级分类叶片识别系统流程图

　　由于整个植物叶片识别系统分两级进行，存在多个分类器工作，因此整个识别系统的识别率需要根据每个分类器的识别率来求取，其求解式如下

$$\text{Accuracy} = A_f - \sum_i \frac{|c_i|}{|c|}(1 - A_i) \tag{6.13}$$

式中，Accuracy 表示整体识别率；A_f 表示一级分类器的识别率；$|c_i|$ 表示数据集

中属于第 i 类叶形的样本数；$|c|$ 表示数据集总样本数；A_i 表示二级分类器中第 i 个分类器的识别率。

6.4.2　基于形状的第一级分类的实验分析

为了检验算法的适应性和有效性，实验分别在 Flavia 数据集、Swedish 数据集、ICL 数据集和 LZU 数据集上进行。在第一级分类中，首先根据植物叶形的不同，将各数据集的叶片划分为若干大类，由于每个数据集所包含的植物种类不同，数据集的划分情况也各不相同。各个数据集的划分情况如下。

Flavia 数据集一共包含 1907 个植物叶片图像，分为 32 个大类，每个大类包含 50 个到 77 个植物叶片图像不等。在第一级分类中，根据数据集中植物叶片的叶形将整个 Flavia 数据集划分为 6 个大类，分别为椭圆形、剑形、心形、扇形、针形和掌形，包含的叶片图像数量分别为 1220 个、198 个、136 个、62 个、77 个和 214 个。

Swedish 数据集总共包含 1125 个植物叶片图像，分为 15 个大类，每个大类均包含 75 个植物叶片图像。在第一级分类中，我们根据植物叶片的叶形将整个 Swedish 数据集划分为 6 个大类，分别为椭圆形、剑形、心形、圆形、多叶形和掌形，包含的叶片图像数量分别为 525 个、75 个、150 个、75 个、150 个和 150 个。

ICL 数据集总共包含 16 851 个植物叶片图像，分为 220 个大类，每个大类包含 26 个到 1078 个植物叶片图像不等。在第一级分类中，我们根据植物叶片的叶形将整个 ICL 数据集划分为 9 个大类，分别为椭圆形、剑形、心形、圆形、多叶形、三角形、扇形、掌形和絮状形，包含的叶片图像数量分别为 10 189 个、1727 个、1641 个、272 个、557 个、410 个、52 个、1954 个和 49 个。

LZU 数据集总共包含 4221 个植物叶片图像，分为 30 个大类，每个大类包含 53 个到 184 个植物叶片图像不等。在第一级分类中，我们根据植物叶片的叶形将整个 ICL 数据集划分为 6 个大类，分别为椭圆形、剑形、心形、圆形、多叶形和掌形，包含的叶片图像数量分别 2635 个、577 个、263 个、184 个、369 个和 193 个。

(1) 形状参数的选择

在第一级分类中，采用 ARSD 作为形状特征，将数据集中的植物叶片划分为若干个大类。由于在 ARSD 的提取过程中，需要对目标区域进行划分，为了选择最合适的划分情况，分别在各个数据集中，将目标区域划分成 5×5、10×10、15×15、20×20 和 25×25 等份，然后选择支持向量机作为分类器进行训练。实验结果如图 6-19 所示。

由图 6-19 可知，随着目标区域划分的等份数的增多，在各个数据集中的识别率呈现了一个先增大后减小的趋势。经分析可知，当目标区域所划分的等份数过少时，会使特征对形状的描述过于简单，不能突出类间的差异性，造成欠拟合的现象，使得分类结果偏低；而当目标区域所划分的等份数过多时，特征对形状的细微的变化也会变得特别敏感，会使得类内的差异性被放大，造成过拟合的现象，导致分类结果有所降低。由图 6-19 可知，当目标区域被划分成 20×20 等份时，识别率最高，因此我们形状的参数选择 20×20 等份。

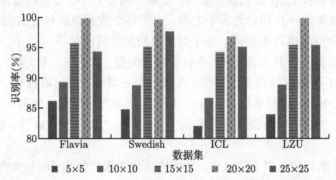

图 6-19　各数据集不同参数下识别率的对比 (彩图请扫封底二维码)

(2) 分类器的比较

在第一级分类中，为比较不同分类器的性能，选择 ARSD 作为形状特征，在各个数据集下分别对支持向量机、K 最近邻和决策树 3 种分类模型进行训练。提取 ARSD 时，目标区域的划分选择 20×20 等份。实验结果见表 6-2。

表 6-2　各数据集中分类器的识别率

数据集	分类器	识别率 (%)
Flavia	决策树	85.8
Swedish	决策树	83.4
ICL	决策树	82.8
LZU	决策树	86.2
Flavia	K 最近邻	92.9
Swedish	K 最近邻	93.4
ICL	K 最近邻	89.7
LZU	K 最近邻	92.6
Flavia	支持向量机	99.8
Swedish	支持向量机	99.6
ICL	支持向量机	96.8
LZU	支持向量机	99.8

为进一步分析各分类器的表现和分类器的稳定性，把以 ARSD 作为训练特征的各分类器的 10 次训练结果表示在图 6-20 中。由表 6-2 和图 6-20 可知，支持向量机的识别率最高，决策树的识别率最低，根据各分类器识别率的方差可知，支

持向量机的工作稳定性最高，K 最近邻的稳定性最低。

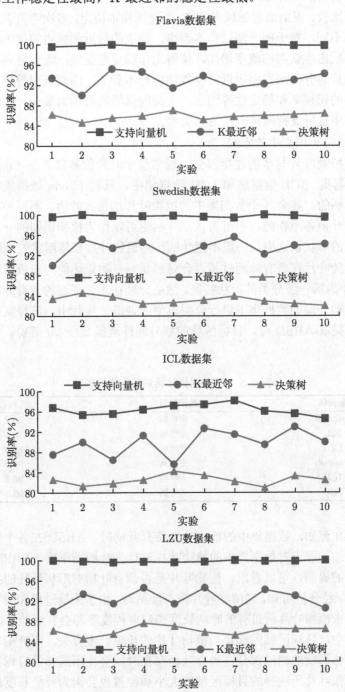

图 6-20　各数据集不同分类器识别率的比较

分析分类器的工作原理可知，K 最近邻在分类预测时需要将测试样本与所有训练样本作比较，再由最近邻域内的 K 个训练样本决定，多次随机训练使得每次的训练样本不同，对于同一测试样本而言，每次的最近邻域内的训练样本也会发生变化，导致出现误判的概率增加，使得工作稳定性变低；而支持向量机对测试样本的预测只与分离超平面附近的少数训练样本有关，因而表现得更加稳定。综合各分类器的识别率和稳定性等因素，支持向量机的表现为最佳，因此在第一级的分类任务中选择支持向量机作为分类器。

(3) 叶柄对于识别率的影响

叶柄是植物叶片与茎的连接部分，通常位于叶片的基部。在 Flavia 数据集、Swedish 数据集、ICL 数据集和 LZU 数据集中，只有 Flavia 数据集中的植物叶片是不带叶柄的，其余 3 个数据集中的植物叶片均带有叶柄。不同种类间的植物叶片所带的叶柄各不相同，不可否认，叶柄也可以作为植物识别的一种根据，但在植物叶片的形状识别中，一般不把叶柄作为植物叶片整体形状的一部分。

为了检验叶片在带有叶柄时是否会对形状特征的描述能力造成影响，我们选择 ARSD 作为第一级分类的形状特征，然后分别在未处理过的带有叶柄的数据集和经过去叶柄处理的数据集下进行分类模型的训练。实验中，选择支持向量机作为分类器，提取 ARSD 时，目标区域的划分同样选择 20×20 等份。实验结果见表 6-3。

表 6-3   各数据集叶柄对识别率的影响

数据集	数据集情况	识别率 (%)
Swedish	带叶柄	80.2
ICL	带叶柄	76.6
LZU	带叶柄	82.5
Swedish	去叶柄	99.6
ICL	去叶柄	96.8
LZU	去叶柄	99.8

由表 6-3 可知，数据集中的植物叶片带有叶柄时，ARSD 在各个数据集中的表现都比较差，而当对数据集中的植物叶片进行去叶柄操作后，ARSD 的表现得到了大幅度的提高，可以看出，植物叶片是否带有叶柄对形状特征的描述能力有一定的影响。经分析可知，当植物叶片带有叶柄时，由于采摘过程和植物自身生长的影响，每张植物叶片所带有的叶柄长度和弯曲程度等都会有所差异。在 ARSD 的提取过程中，目标区域的选择与植物叶片的长轴长度有关，而叶柄本身不属于植物叶片主体形状的组成部分，当有叶柄存在时，会使所选择的目标区域变得很大，而且每张叶片所选择的目标区域的大小和位置也会因为叶柄长度的差异而有所不同，导致叶片主体形状区域与目标区域的相对位置发生较大的偏移，因此大

大降低了 ARSD 对叶片形状的描述能力。为避免叶柄对识别系统造成的不良影响，需要在特征提取前对叶片图像进行去叶柄处理。

(4) 特征有效性分析

为了检验形状特征 ARSD 在一级分类中的有效性，分别用 Zernike 矩、Hu 不变矩、通用傅里叶描述子 (GFD) 和 ARSD 作为形状特征，在各个植物叶片数据集上进行了实验。实验中，选择支持向量机作为分类器，提取 ARSD 时，目标区域的划分同样选择 20×20 等份。实验结果见表 6-4。

表 6-4　各数据集不同形状特征的识别率

数据集	形状特征	识别率 (%)
Flavia	Zernike 矩	90.2
Swedish	Zernike 矩	89.5
ICL	Zernike 矩	83.4
LZU	Zernike 矩	90.3
Flavia	Hu 不变矩	92.4
Swedish	Hu 不变矩	91.8
ICL	Hu 不变矩	89.5
LZU	Hu 不变矩	82.6
Flavia	GFD	96.4
Swedish	GFD	95.9
ICL	GFD	92.4
LZU	GFD	95.5
Flavia	ARSD	99.8
Swedish	ARSD	99.6
ICL	ARSD	96.8
LZU	ARSD	99.8

由表 6-4 可知，由于第一级分类为基于形状的粗分类，因此在各个数据集中，各形状特征皆有较好的表现。因为各个数据集内植物叶片的质量及种类不同，因此各个数据集的识别率也有所差异，其中 Flavia 数据集的识别率最高，由于 ICL 数据集的植物种类要远多于其他数据集，因此其识别率要略低于其余 3 个数据集。在各个数据集中，ARSD 特征运用到第一级分类中的形状分类时都优于其他形状特征，说明 ARSD 在对形状的粗分类中具有一定的优势。

6.4.3　基于组合特征的第二级分类的实验分析

下面以 Flavia 数据集为例来进行相关实验的分析。

1) 单个特征的有效性分析

在 Flavia 数据集中，经过第一级的形状分类后，植物叶片被划分为 6 大类形状：椭圆形、剑形、心形、扇形、针形和掌形，其中，在扇形和针形中都只包含了一种类别的植物叶片，因此在第二级分类中，这两个大类不需要再进行训练分类，即如果在第一级分类中，测试样本被判为这两大类中的某一种时，则直接将测试样本判为这个大类中所包含植物的类别。

为了观察单个特征在第二级分类中的表现，分别将各个特征作为唯一特征对分类器进行训练，分类器选择支持向量机。其中，在提取 ARSD 时将目标区域划分成 20×20 等份，在提取 CSD 时，将角度方向划分成 12 等份，半径方向划分成 5 等份。由于椭圆形中包含的植物类别最多，分类难度最大，因此用椭圆形的分类结果作为例子进行分析，其实验结果见表 6-5。

表 6-5　椭圆形中单特征的识别率

特征	识别率 (%)
ARSD	77.6
CSD	79.4
LBP	89.3
GLCM	84.2
叶脉特征	82.1
颜色特征	36.7

由表 6-5 可知，在单个特征的识别中，纹理特征的表现最好，叶脉特征次之，而形状特征和颜色特征的表现则较差，而在纹理特征中，LBP 的表现要优于 GLCM。由于数据集中植物叶片的颜色差异不大，因此仅仅通过颜色特征来对叶片进行识别不能达到很好的效果。第一级分类对叶片进行了形状的划分，属于椭圆形的植物叶片在形状上具有较高的相似性，因此单个形状特征在第二级分类中的识别率较低也在情理之中。而对于纹理特征和叶脉特征，虽然训练集中的叶片在形状上的相似性较高，但其在纹理和叶脉上依旧存在较大的差异，因此能够有比较好的表现。

2) 多特征组合有效性分析

由于单个特征未能达到分类准确率的要求，因此通过特征之间的相互组合来提高特征对图像的描述能力。下面将各个特征进行组合来对分类器进行训练，分类器的选择为支持向量机，所有特征提取的参数同上。特征两两组合的识别率与多特征组合的识别率分别见表 6-6 和表 6-7。

表 6-6　椭圆形中特征两两组合的识别率

特征	识别率 (%)
ARSD+CSD	85.4
ARSD+LBP	92.3
CSD+LBP	93.4
ARSD+GLCM	89.5
LBP+GLCM	92.8
LBP+颜色矩	90.8
GLCM+颜色矩	86.4

表 6-7 椭圆形中多特征组合的识别率

特征	识别率 (%)
ARSD+CSD+叶脉特征	92.9
ARSD+CSD+LBP	96.4
ARSD+CSD+GLCM	94.2
LBP+GLCM+叶脉特征	95.8
ARSD+CSD+LBP+叶脉特征	99.2
ARSD+CSD+GLCM+叶脉特征	97.6
ARSD+CSD+LBP+叶脉特征+颜色矩	99.4

为了方便对比，统一将单个特征的表现与多特征组合的表现在图 6-21 中表示。由图 6-21 可以看出，特征两两组合的表现相较于单个特征有了一定的提高，而多特征组合使分类准确率得到进一步的提升，这说明特征组合是有效的。

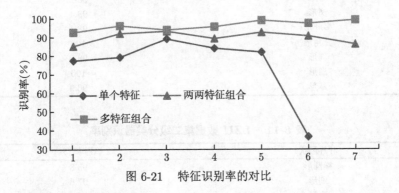

图 6-21 特征识别率的对比

6.4.4 植物识别系统的总体评价

在各个数据集的二级分类器中，本节统一采用形状特征、纹理特征、叶脉特征和颜色特征相组合的方式对植物叶片进行分类，其结果见表 6-8~表 6-11。

表 6-8 Flavia 数据集二级分类器识别率

叶片形状	识别率 (%)
椭圆形	99.4
剑形	98.9
心形	100
扇形	100
针形	100
掌形	100

根据式 (6.13) 得到在各个植物叶片数据集上植物叶片识别系统的总体识别率，见表 6-12。为了检验本节中基于形状的两级分类思想的有效性，我们对各个植物叶片数据集在保持所有特征一致的情况下，进行传统的直接分类，分类器的选择为支持向量机，其结果对比见表 6-13。

表 6-9   Swedish 数据集二级分类器识别率

叶片形状	识别率 (%)
椭圆形	98.6
剑形	100
心形	99.8
圆形	100
多叶形	99.9
掌形	100

表 6-10   ICL 数据集二级分类器识别率

叶片形状	识别率 (%)
椭圆形	92.5
絮状形	100
心形	98.2
圆形	98.4
多叶形	98.1
三角形	100
剑形	98.6
扇形	100
掌形	96.9

表 6-11   LZU 数据集二级分类器识别率

叶片形状	识别率 (%)
椭圆形	93.8
剑形	97.8
心形	99.9
圆形	98.4
多叶形	97.6
掌形	100

表 6-12   植物叶片识别系统总体识别率

数据集	识别率 (%)
Flavia	99.3
Swedish	98.9
ICL	91.5
LZU	95.3

表 6-13   两级分类与直接分类识别率的比较

数据集	直接分类识别率 (%)	两级分类识别率 (%)
Flavia	96.8	99.3
Swedish	94.2	98.9
ICL	87.3	91.5
LZU	92.4	95.3

　　由表 6-13 可知，当采用基于形状的两级分类时，识别率相较于传统的直接分类都有一定的提升，因此，我们提出的基于形状的两级分类识别方法是有效的。

　　为检验我们所提算法在各个植物叶片数据集上的表现能力，我们将算法的实验结果与现有的一些方法进行了比较，对比结果见表 6-14～表 6-16。

表 6-14　基于 Flavia 数据集的叶片识别率比较

方法出处	识别率 (%)	方法出处	识别率 (%)
Wu 等 [4]	90.3	Turkoglu 和 Hanbay[7]	99.1
Saleem 等 [5]	98.7	Tsolakidis 等 [8]	97.2
Wang 等 [6]	97.8	我们的算法	99.3

表 6-15　基于 Swedish 数据集的叶片识别率比较

方法出处	识别率 (%)	方法出处	识别率 (%)
Zhao 等 [9]	97.1	Wang 等 [11]	99.2
Zeng 等 [10]	97.2	Zhang 等 [12]	91.3
Tsolakidis 等 [8]	98.1	我们的算法	98.9

表 6-16　基于 ICL 数据集的叶片识别率比较

方法出处	识别率 (%)	方法出处	识别率 (%)
Zhang 等 [13]	81.4	Lei 等 [15]	94.1
Yang 和 Wang[14]	91.6	Wang 等 [16]	91.3
Zhao 等 [9]	90.1	我们的算法	91.5

　　由对比结果可知，我们提出的算法在各个数据集上都有较好的表现。其中，在 Flavia 数据集上的识别率达到了 99.3%，在对比算法中为最优；在 Swedish 数据集上的识别率为 98.9%，仅次于 Wang 等 [11] 所提出方法的 99.2%；在 ICL 数据集上的识别率为 91.5%，仅次于 Yang 和 Wang[14] 算法的 91.6% 和 Lei 等[15] 所提出算法的 94.1%。通过对比结果，进一步验证了我们提出的算法在不同数据集中表现出较强的适应性。

参 考 文 献

[1] Mokhtarian F. Robust image corner detection through curvature scale space[J]. IEEE Transactions on Pattern Analysis and Machine Intelligence, 1998, 20(12): 1376-1381.

[2] He X C, Yung N H C. Curvature scale space corner detector with adaptive threshold and dynamic region of support[C]//Proceedings of the 17th International Conference on Pattern Recognition. Vol. 2. Cambridge: IEEE, 2004: 791-794.

[3] Zheng X D, Wang X J. Leaf vein extraction based on gray-scale morphology[J]. International Journal of Image, Graphics and Signal Processing, 2010, 2(2): 25-31.

[4] Wu S G, Bao F S, Xu E Y, et al. A leaf recognition algorithm for plant classification using probabilistic neural network[C]//2007 IEEE International Symposium on Signal Processing and Information Technology. Giza: IEEE, 2008: 11-16.

[5] Saleem G, Akhtar M, Ahmed N, et al. Automated analysis of visual leaf shape features for plant classification[J]. Computers and Electronics in Agriculture, 2019, 157: 270-280.

[6] Wang Z B, Sun X G, Ma Y D, et al. Plant recognition based on intersecting cortical model[C]//2014 International Joint Conference on Neural Networks (IJCNN). Beijing: IEEE, 2014: 975-980.

[7] Turkoglu M, Hanbay D. Recognition of plant leaves: an approach with hybrid features produced by dividing leaf images into two and four parts[J]. Applied Mathematics and Computation, 2019, 352: 1-14.

[8] Tsolakidis D G, Kosmopoulos D I, Papadourakis G. Plant leaf recognition using Zernike moments and histogram of oriented gradients[C]//Artificial Intelligence: Methods and Applications. Heraklion: Springer, 2014: 406-417.

[9] Zhao C, Chan S S F, Cham W K, et al. Plant identification using leaf shapes—A pattern counting approach[J]. Pattern Recognition, 2015, 48(10): 3203-3215.

[10] Zeng J X, Liu M, Fu X, et al. Curvature bag of words model for shape recognition[J]. IEEE Access, 2019, 7: 57163-57171.

[11] Wang X, Liang J H, Guo F X. Feature extraction algorithm based on dual-scale decomposition and local binary descriptors for plant leaf recognition[J]. Digital Signal Processing, 2014, 34: 101-107.

[12] Zhang S W, Zhang C L, Wang Z, et al. Combining sparse representation and singular value decomposition for plant recognition[J]. Applied Soft Computing, 2018, 67: 164-171.

[13] Zhang S W, Wang H, Huang W Z. Two-stage plant species recognition by local mean clustering and Weighted sparse representation classification[J]. Cluster Computing, 2017, 20(2): 1517-1525.

[14] Yang L W, Wang X F. Leaf image recognition using Fourier transform based on ordered sequence[C]//Lecture Notes in Computer Science. Volume 7389. Berlin: Springer, 2012: 393-400.

[15] Lei Y K, Zou J W, Dong T B, et al. Orthogonal locally discriminant spline embedding for plant leaf recognition[J]. Computer Vision and Image Understanding, 2014, 119: 116-126.

[16] Wang Z Y, Lu B, Chi Z R, et al. Leaf image classification with shape context and SIFT descriptors[C]//2011 International Conference on Digital Image Computing: Techniques and Applications. Noosa: IEEE, 2012: 650-654.